高职高专计算机类专业教材·网络开发系列

响应式 Web 开发
项目化教程（HTML5+CSS3）

孙晓娟　赵东明　冯　颖　主　编

张亚林　刘　雷　赵翊程　副主编

电子工业出版社
Publishing House of Electronics Industry
北京·BEIJING

内 容 简 介

近年来，互联网在各个领域的普及，使 Web 前端开发技术的发展速度十分迅猛，而 HTML5+CSS3 更是已经成为 Web 前端开发技术的主流，从而使 Web 前端开发技术具备了更多新的功能特性。本书从 Web 前端开发实际应用的角度出发，以企业实际项目为核心，由浅入深地讲解了 HTML5、CSS3 及响应式 Web 前端开发技术。本书共 10 个项目，前 9 个项目从项目描述、前导知识、项目分析、项目实践、项目总结 5 个方面对各项目进行了系统的讲解，帮助读者快速理解并掌握各项目的重点知识，最后通过项目 10 的企业真实项目实战对响应式 Web 前端开发全过程进行梳理和讲解，全面提高读者分析问题、解决问题及动手操作的能力。本书包含配套教学计划、教案、教学 PPT、教学案例、源代码、课后习题等资源，读者可登录华信教育资源网（http://www.hxedu.com.cn）注册后免费下载。

本书适用面广，既可作为高职院校、培训机构的 Web 前端开发教材，也可作为网页设计、网站开发、网页编程等课程的教材及参考书。

未经许可，不得以任何方式复制或抄袭本书之部分或全部内容。
版权所有，侵权必究。

图书在版编目（CIP）数据

响应式 Web 开发项目化教程：HTML5+CSS3 / 孙晓娟，赵东明，冯颖主编. —北京：电子工业出版社，2020.8
ISBN 978-7-121-39275-7

Ⅰ. ①响… Ⅱ. ①孙… ②赵… ③冯… Ⅲ. ①超文本标记语言－程序设计－高等学校－教材②网页制作工具－高等学校－教材 Ⅳ. ①TP312②TP393.092

中国版本图书馆 CIP 数据核字（2020）第 128015 号

责任编辑：左　雅　　　　特约编辑：田学清
印　　刷：北京捷迅佳彩印刷有限公司
装　　订：北京捷迅佳彩印刷有限公司
出版发行：电子工业出版社
　　　　　北京市海淀区万寿路 173 信箱　　　邮编：100036
开　　本：787×1092　1/16　　印张：14.75　　字数：406 千字
版　　次：2020 年 8 月第 1 版
印　　次：2022 年 3 月第 4 次印刷
定　　价：49.00 元

凡所购买电子工业出版社图书有缺损问题，请向购买书店调换。若书店售缺，请与本社发行部联系，联系及邮购电话：（010）88254888，88258888。

质量投诉请发邮件至 zlts@phei.com.cn，盗版侵权举报请发邮件至 dbqq@phei.com.cn。
本书咨询联系方式：（010）88254580，zuoya@phei.com.cn。

前　言

随着多设备、浏览器和 Web 标准的演变，作为依托互联网发展起来的网站制作正面临着新的挑战。开发者不仅要注重网站的信息丰富、功能齐备、页面精美、操作流畅，还要关注网站能适合多设备浏览，因此，响应式 Web 开发技术迅速成为移动互联网开发的热点。

Web 前端开发工程师正在成为兼顾逻辑、性能、交互、体验的综合性岗位。现在互联网行业普遍缺少 Web 前端开发工程师，这个问题不仅存在于刚起步的创业公司，上市公司也同样存在。

本书以 Web 前端开发工程师岗位需求为目标选取课程内容，采用以项目为导向和实践一体化的学习领域课程模式，以 Web 前端开发工程师岗位真实工作任务为载体，以具体的产品为载体内涵，以 Web 前端开发工程师职业资格为课程标准的依据，强调学生的主体作用，在基于职业学习情境中，通过师生之间的互动和合作，在自己"做"的实践中，使学生习得实践技能，掌握所学知识。

本书由辽宁生态工程职业学院与辽宁图灵网络科技有限公司共同开发，是一本校企合作开发教材。本书采用项目驱动的教学模式，工学结合地选取内容，按照项目实施的方式进行编写，重点以 HTML5、CSS3 和响应式 Web 前端开发为主线进行编写。

本书共 10 个项目，由浅入深地讲解了 Web 前端开发的相关知识点，其中，项目 1～项目 4 由孙晓娟（辽宁生态工程职业学院）编写，项目 5 由冯颖、赵翊程（辽宁生态工程职业学院）编写，项目 6、项目 8 和项目 9 由张亚林（辽宁生态工程职业学院）编写，项目 7 由赵东明（辽宁机电职业技术学院）编写，项目 10 由刘雷（辽宁生态工程职业学院）编写。

在编写本书过程中，编者参阅了大量书籍及互联网资料，还得到了来自 Web 前端开发实践一线、具有实际开发经验的辽宁图灵网络科技有限公司孙明凯总经理的支持，谨在此对参考借鉴的书刊资料的作者和给予我们帮助的企业工程师表示真诚的谢意。由于编者水平和时间有限，书中难免存在不足之处，恳请各位专家和读者不吝赐教。

编　者

目 录

项目 1　制作 HBuilder 百科页面 1
 1.1　项目描述 1
 1.2　前导知识 1
  1.2.1　初识 HTML5 1
  1.2.2　HTML5 基础 4
  1.2.3　文本控制元素 6
  1.2.4　图像控制元素 9
  1.2.5　超链接元素 9
  1.2.6　列表元素 10
  1.2.7　结构元素 13
  1.2.8　分组元素 18
  1.2.9　内容交互元素 20
 1.3　项目分析 21
  1.3.1　页面结构分析 21
  1.3.2　样式分析 22
 1.4　项目实践 23
  1.4.1　制作页面结构 23
  1.4.2　定义 CSS 样式 24
 1.5　项目总结 24

项目 2　制作化妆品展示列表页面 25
 2.1　项目描述 25
 2.2　前导知识 25
  2.2.1　初识 CSS 25
  2.2.2　引入 CSS 样式与 CSS 语法格式 26
  2.2.3　CSS 基础选择器 29
  2.2.4　伪元素选择器 35
  2.2.5　链接伪类 36
  2.2.6　结构化伪类选择器 37
  2.2.7　CSS 的层叠性与继承性 42
  2.2.8　CSS 的优先级 44
  2.2.9　字体样式属性与文本样式属性 45
 2.3　项目分析 52
  2.3.1　页面结构分析 52
  2.3.2　样式分析 52
 2.4　项目实践 53
  2.4.1　制作页面结构 53
  2.4.2　定义 CSS 样式 54
 2.5　项目总结 54

项目 3　制作电商主播排行榜页面 55
 3.1　项目描述 55
 3.2　前导知识 55
  3.2.1　初识盒模型 55
  3.2.2　边框属性 57
  3.2.3　边距属性 64
  3.2.4　box-sizing 属性 67
  3.2.5　阴影属性 68
  3.2.6　渐变属性 69
  3.2.7　背景属性 72
 3.3　项目分析 77
  3.3.1　页面结构分析 77
  3.3.2　样式分析 78
 3.4　项目实践 78
  3.4.1　制作页面结构 78
  3.4.2　定义 CSS 样式 78
 3.5　项目总结 79

项目 4　制作家装行业产品展示页面 80
 4.1　项目描述 80
 4.2　前导知识 81
  4.2.1　过渡 81
  4.2.2　变形 85
  4.2.3　动画 92
 4.3　项目分析 94
  4.3.1　页面结构分析 94
  4.3.2　样式分析 95
 4.4　项目实践 95
  4.4.1　制作页面结构 95

4.4.2	定义 CSS 样式	97
4.5	项目总结	99

项目 5　制作旅游网站的导航栏和 banner. 100
- 5.1　项目描述 100
- 5.2　前导知识 100
  - 5.2.1　元素的浮动属性 float ... 100
  - 5.2.2　元素的清除浮动属性 clear 102
  - 5.2.3　元素的位置定位属性 position 103
  - 5.2.4　元素的类型转换 108
- 5.3　项目分析 111
  - 5.3.1　页面结构分析 111
  - 5.3.2　样式分析 111
- 5.4　项目实践 111
  - 5.4.1　制作页面结构 111
  - 5.4.2　定义 CSS 样式 112
- 5.5　项目总结 114

项目 6　制作信息注册页面 115
- 6.1　项目描述 115
- 6.2　前导知识 115
  - 6.2.1　表单概述 115
  - 6.2.2　表单元素及属性 117
  - 6.2.3　表单校验 129
- 6.3　项目分析 131
  - 6.3.1　页面结构分析 131
  - 6.3.2　样式分析 132
- 6.4　项目实践 132
  - 6.4.1　制作页面结构 132
  - 6.4.2　定义 CSS 样式 135
- 6.5　项目总结 138

项目 7　制作视频播放页面 139
- 7.1　项目描述 139
- 7.2　前导知识 139
  - 7.2.1　多媒体的格式 139
  - 7.2.2　支持视频和音频的浏览器 140
  - 7.2.3　嵌入视频 140
  - 7.2.4　HTML DOM Video 对象 141
  - 7.2.5　嵌入音频 143
  - 7.2.6　HTML DOM Audio 对象 143
  - 7.2.7　视频、音频中的 source 元素 145
- 7.3　项目分析 145
  - 7.3.1　页面结构分析 145
  - 7.3.2　样式分析 146
- 7.4　项目实践 146
  - 7.4.1　制作页面结构 146
  - 7.4.2　定义 CSS 样式 147
- 7.5　项目总结 148

项目 8　制作垃圾分类页面 149
- 8.1　项目描述 149
- 8.2　前导知识 150
  - 8.2.1　视口 150
  - 8.2.2　媒体查询 152
  - 8.2.3　百分比布局 158
- 8.3　项目分析 161
  - 8.3.1　页面结构分析 161
  - 8.3.2　样式分析 161
- 8.4　项目实践 162
  - 8.4.1　制作页面结构 162
  - 8.4.2　定义 CSS 样式 164
- 8.5　项目总结 171

项目 9　制作个人信息页面 172
- 9.1　项目描述 172
- 9.2　前导知识 173
  - 9.2.1　栅格系统 173
  - 9.2.2　弹性盒布局 176
- 9.3　项目分析 190
  - 9.3.1　页面结构分析 190
  - 9.3.2　样式分析 190
- 9.4　项目实践 191
  - 9.4.1　制作页面结构 191
  - 9.4.2　定义 CSS 样式 194
- 9.5　项目总结 201

项目 10　制作物流公司响应式网站 202
　10.1　项目描述 202
　10.2　页面结构搭建 206
　　　10.2.1　页面结构搭建的内容. 206
　　　10.2.2　模块结构 206
　　　10.2.3　代码实现 206
　10.3　顶部通栏 208
　　　10.3.1　顶部通栏结构 208
　　　10.3.2　代码实现 208
　10.4　导航栏 209
　　　10.4.1　导航栏结构 209
　　　10.4.2　代码实现 210
　10.5　轮播图 211
　　　10.5.1　轮播图结构 211
　　　10.5.2　代码实现 212
　10.6　关于我们模块 214
　　　10.6.1　关于我们模块结构 214
　　　10.6.2　代码实现 215
　10.7　我们的优势模块 216
　　　10.7.1　我们的优势模块结构 . 216
　　　10.7.2　代码实现 217
　10.8　我们的服务模块 219
　　　10.8.1　我们的服务模块结构 . 219
　　　10.8.2　代码实现 221
　10.9　运输物流模块 222
　　　10.9.1　运输物流模块结构 222
　　　10.9.2　代码实现 223
　10.10　最新资讯模块 224
　　　10.10.1　最新资讯模块结构 ... 224
　　　10.10.2　代码实现 225
　10.11　版尾 227
　　　10.11.1　版尾结构 227
　　　10.11.2　代码实现 228
　10.12　项目总结 228

参考文献 228

项目 1　制作 HBuilder 百科页面

1.1　项目描述

HTML5 是 HTML 的第 5 代版本，是构建及呈现互联网内容的一种语言方式，是互联网的核心技术之一。本项目使用文本控制元素、图像控制元素、超链接元素、列表元素、分组元素、结构元素及内容交互元素制作 HBuilder 百科页面。通过本项目读者可以掌握 HBuilder 的使用方法。项目效果如图 1-1 所示。

图 1-1　项目效果

1.2　前导知识

1.2.1　初识 HTML5

HTML5 的设计目的是解决由于各个浏览器之间的标准不统一，而给网站开发人员带来的麻烦。HTML5 是第 5 代 HTML，它仅仅是一套新的 HTML 标准，是对 HTML 及 XHTML 的继承与发展，因此，HTML5 本质上并不是新的技术，只是在功能特性上有了很大的增强。

1. HTML5 的优势

（1）跨平台性

HTML5 显著的优势在于跨平台性，用 HTML5 搭建的站点与应用可以兼容 PC 端与移动端、Windows 与 Linux、安卓与 iOS。它可以被轻易地移植到各种不同的开放平台、应用平台上。这种强大的兼容性可以显著地降低开发与运营成本。

（2）增加了新特性
- 特殊内容元素。

HTML5 增加了许多特殊内容元素。例如，分组元素、结构元素、内容交互元素等，有助于网站开发人员定义重要的内容，其语义化元素增加了代码的可读性。

- 智能表单。

表单是实现用户与页面后台交互主要的组成部分，HTML5 新增加的表单元素，使得原本需要使用 JavaScript 来实现的控件，可以直接使用 HTML5 的表单来实现；另外，通过 HTML5 的智能表单属性标签也可以实现，如内容提示、焦点处理、数据验证等功能。

- 绘图画布。

HTML5 的 canvas 元素可以实现画布功能，该元素通过自带的 API 结合 JavaScript 在网页上绘制图形。canvas 元素使得浏览器无须使用 Flash、Silverlight 等插件就能直接显示图形或动画图像。

- 多媒体。

HTML5 增加了 audio 元素和 video 元素来实现对多媒体中的音频、视频使用的支持，只要在网页中嵌入<audio>标记和<video>标记，而无须使用第三方插件（如 Flash）就可以实现音频、视频的播放。

- 地理定位。

HTML5 引入了 Geolocation 的 API，通过 GPS 或网络信息可以实现用户的定位功能，使定位更加准确、灵活。

- 数据存储。

HTML5 相比传统的数据存储有自己的存储方式，允许在客户端实现较大规模的数据存储。

- 多线程。

HTML5 利用 Web Worker 将 Web 应用程序从原来的单线程中解放出来，通过创建一个 Web Worker 对象就可以实现多线程操作。

（3）化繁为简

HTML5 遵循了"简单至上"的原则，主要体现在字符集声明、文档类型声明、简化而强大的 HTML5 API 支持、以浏览器原生能力替代复杂的 JavaScript 代码方面。

2. 创建第一个 HTML5 页面

HBuilder 是 DCloud（数字天堂）推出的一款支持 HTML5 的 Web 开发 IDE，是专为前端打造的开发工具。HBuilder 的编写用到了 Java、C、Web 和 Ruby。HBuilder 的主体是由 Java 编写的，它基于 Eclipse，所以顺其自然地兼容了 Eclipse 的插件。快，是 HBuilder 的最大优势，通过完整的语法提示和代码输入法、代码块等，大幅提高了 HTML、JavaScript、CSS 的开发效率。下面利用 HBuilder 制作一个简单的 HTML5 页面，具体步骤如下。

① 打开 HBuilder，选择菜单栏中的"文件"→"新建"→"Web 项目"命令，如图 1-2 所示，打开"创建 Web 项目"窗口。

② 在"创建 Web 项目"窗口的"项目名称"输入框中输入"第一个 HTML5"，并选择项目存储的位置，新建名为 H5 的文件夹，如图 1-3 所示。

③ 单击"完成"按钮，在"项目管理器"中将看到刚刚创建的 Web 项目，选择"第一个 HTML5"项目名，在弹出的下拉列表中双击"index.html"选项，此时将出现"index.html"的默认代码，如图 1-4 所示。

④ 在<body></body>标记之间添加"这是第一个 HTML5 页面"文本，如图 1-5 所示，按 Ctrl+S 快捷键保存页面。

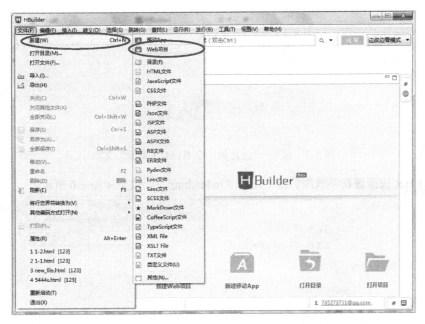

图 1-2　菜单栏中的"文件"→"新建"→"Web 项目"命令

图 1-3　创建 Web 项目

图 1-4　"index.html"的默认代码

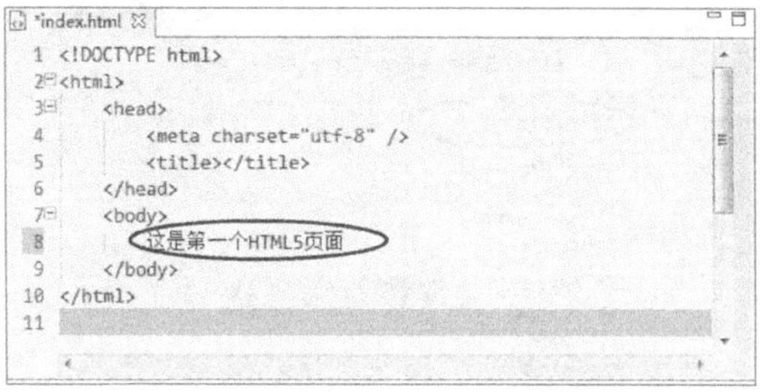

图1-5 添加 "这是第一个HTML5页面"文本

⑤ 按Ctrl+R快捷键在谷歌浏览器中运行"index.html",效果如图1-6所示。

图1-6 运行"index.html"的效果

1.2.2 HTML5 基础

1. HTML 标记

带有"< >"符号的元素称为HTML标记,网页就是由众多HTML标记组成的,HTML标记也被称为HTML标签或HTML元素。

HTML标记分为两类:单标记和双标记。

单标记是指一个标记符号就能够完整地表达某个功能。其语法格式如下。

<标记名/>

例如:
。

双标记是指由开始和结束两个标记组合才能够完整地表达某个功能。其语法格式如下。

<标记名>内容</标记名>

例如:<p>内容</p>。

注意:HTML标记不区分大小写。

HTML还有一种特殊的标记,即注释语句标记,是指把一段便于理解或说明性的注释文字写在HTML文档中,而这段注释文字会被浏览器忽略,不显示在网页中。其语法格式如下。

<!-- 注释语句 -->

例如:<!-- 这是标题标记 -->。

2. HTML 属性

HTML 属性就是 HTML 标记的特征，就像描述一个人，这个人有身高、体重、性别等特征。HTML 属性可以扩展 HTML 标记的功能，例如，把网页的背景色设置成红色、使段落文字居中显示等。其语法格式如下。

<标记名 属性1="属性值1" 属性2="属性值2" ...属性n="属性值n" >内容</标记名>

注意：
① 一个标记可以拥有多个属性，各属性之间不分先后顺序；
② 属性必须放在开始标记中，位于标记名之后；
③ 标记名与属性，属性与属性之间用空格分隔；
④ 允许属性值不使用引号；
⑤ 允许部分属性值的属性省略。

在 HTML 属性中，有一个特殊的属性 style，其作用是定义样式，如文字的大小、色彩、背景颜色等。style 属性的语法格式如下。

<标记名 style="属性1:属性值1;属性2:属性值2;...属性n:属性值n"></标记名>

注意： 一个 style 属性中可以放置多个样式的属性，每个属性与属性值用冒号分隔，并且每个属性不分先后顺序，它们之间用分号分隔。

例如：`<p align="center" style="color:red" >我是红色字，我在网页中水平居中对齐</p>`。

3. HTML5 文档的基本格式

由 HBuilder 生成的标准 HTML5 文档的代码如例 1-1 所示，这些代码构成了 HTML5 文档的基本格式。

例 1-1　example1-1.html

```
1  <!DOCTYPE html>
2  <html>
3    <head>
4      <meta charset="UTF-8">
5      <title></title>
6    </head>
7    <body>
8    </body>
9  </html>
```

对例 1-1 中的代码，我们分别进行以下介绍。

（1）<!DOCTYPE html>声明

<!DOCTYPE html>声明必须位于文档的第 1 行，用于告知浏览器文档的类型，以此来帮助浏览器正确地显示网页。

（2）html 元素

html 元素位于<!DOCTYPE html>声明之后，是网页的第 1 个元素，由<html>标记开始，以</html>

标记结束,其中包含 head 元素和 body 元素。

(3) head 元素

head 元素位于 html 元素之后,是网页的头部,由<head>标记开始,以</head>标记结束,主要用于放置浏览器标题栏的名称,或者其他需要告知浏览器的信息。

(4) meta 元素

meta 元素位于 head 元素内部,用于定义文档的字符编码,HTML5 文档的字符编码为 UTF-8。

(5) title 元素

title 元素位于 head 元素内部,由<title>标记开始,以</title>标记结束,用于告知浏览器标题栏显示的文字。

(6) body 元素

body 元素位于 head 元素之后,与 head 元素并列,由<body>标记开始,以</body>标记结束,其中的内容(文本、图像、音频、视频等)是网页的主体,这些内容都将被浏览器解析并显示在浏览器窗口中。

1.2.3 文本控制元素

1. 段落元素 p

段落元素 p 的作用是分段,每个段落会另起一行,自动在其前后创建一些空白,段落元素 p 由<p>标记开始,以</p>标记结束。它的可选属性(常用属性)align,用于描述段落文本的水平对齐方式,其属性值有 left(左对齐)、center(居中对齐)、right(右对齐)。段落元素 p 的语法格式如下。

内容

下面通过例 1-2 对段落元素 p 进行讲解。

例 1-2 example1-2.html

```
1   <!DOCTYPE html>
2   <html>
3     <head>
4       <meta charset="UTF-8">
5       <title></title>
6     </head>
7     <body>
8       <p align="left">这是第一段</p>
9       <p align="center">这是第二段</p>
10      <p align="right">这是第三段</p>
11    </body>
12  </html>
```

保存并运行上述代码,浏览器页面出现 3 个段落,其内容分别在页面中左对齐、居中对齐和右对齐,而且段落之间的距离较大,相当于换行后又空一行,如图 1-7 所示。

```
这是第一段
            这是第二段
                        这是第三段
```

图 1-7　example1-2.html 运行效果

2. 标题元素 h1 至 h6

标题元素 h1 至 h6 用于显示标题，独自成行，带有默认的字号和段间距。标题元素 h1 至 h6 呈现了 6 个不同级别的标题，h1 元素定义最高级别的标题，字号最大；h6 元素定义最低级别的标题，字号最小。标题元素 h1 由<h1>标记开始，以</h1>标记结束。标题元素 h1 的语法格式如下。

语法格式　　<h1>标题内容</h1>

下面通过例 1-3 对标题元素 h1 至 h6 进行讲解。

例 1-3　example1-3.html

```
1   <!DOCTYPE html>
2   <html>
3     <head>
4       <meta charset="UTF-8">
5       <title></title>
6     </head>
7     <body>
8       <h1>我是标题元素 h1</h1>
9       <h2>我是标题元素 h2</h2>
10      <h3>我是标题元素 h3</h3>
11      <h4>我是标题元素 h4</h4>
12      <h5>我是标题元素 h5</h5>
13      <h6>我是标题元素 h6</h6>
14    </body>
15  </html>
```

保存并运行上述代码，浏览器页面出现 6 行内容，每行内容自动加粗，显示为黑体字，字号递减并且自动换行，行间距较大，相当于换行后又空一行，如图 1-8 所示。

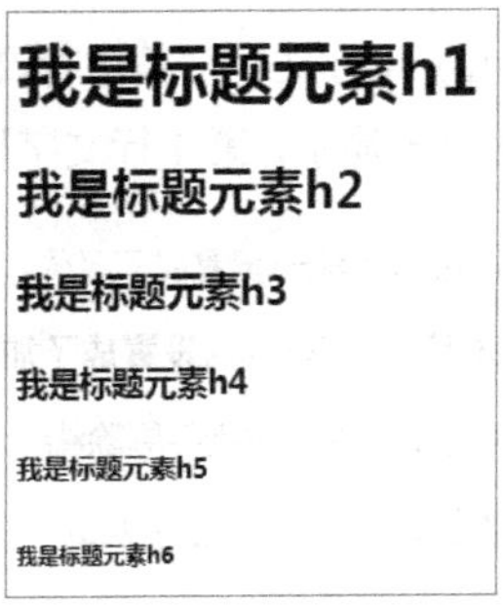

```
我是标题元素h1

我是标题元素h2

我是标题元素h3

我是标题元素h4

我是标题元素h5

我是标题元素h6
```

图 1-8　example1-3.html 运行效果

3. 常用文本格式元素

在网页中，我们有时需要使文字呈现斜体效果；有时需要使文字呈现加粗效果；有时需要使文字呈现下画线或删除线等效果，那么这些常用的文本格式是如何设置的呢？为此 HTML 定义了一些文本格式元素，使用这些元素可以更加灵活地控制各种文本格式。

（1）文本格式元素 em

文本格式元素 em 的作用是使文字以斜体的方式显示，文本格式元素 em 由标记开始，以标记结束。

（2）文本格式元素 strong

文本格式元素 strong 的作用是使文字以加粗的方式显示，文本格式元素 strong 由标记开始，以标记结束。

（3）文本格式元素 del

文本格式元素 del 的作用是使文字以加删除线的方式显示，文本格式元素 del 由<del>标记开始，以</del>标记结束。

（4）文本格式元素 ins

文本格式元素 ins 的作用是使文字以加下画线的方式显示，文本格式元素 ins 由<ins>标记开始，以</ins>标记结束。

下面通过例 1-4 对文本格式元素进行讲解。

例 1-4　example1-4.html

```
1    <!DOCTYPE html>
2    <html>
3      <head>
4        <meta charset="UTF-8">
5        <title></title>
6      </head>
7      <body>
8        <p><em>我被文本格式元素 em 设置成了斜体</em></p>
9        <p><strong>我被文本格式元素 strong 设置成了加粗</strong></p>
10       <p><del>我被文本格式元素 del 加上了删除线</del></p>
11       <p><ins>我被文本格式元素 ins 加上了下画线</ins></p>
12     </body>
13   </html>
```

保存并运行上述代码，浏览器页面出现 4 行文字，第 1 行文字以斜体的方式显示，第 2 行文字以加粗的方式显示，第 3 行文字以加下画线的方式显示，第 4 行文字以加删除线的方式显示，如图 1-9 所示。

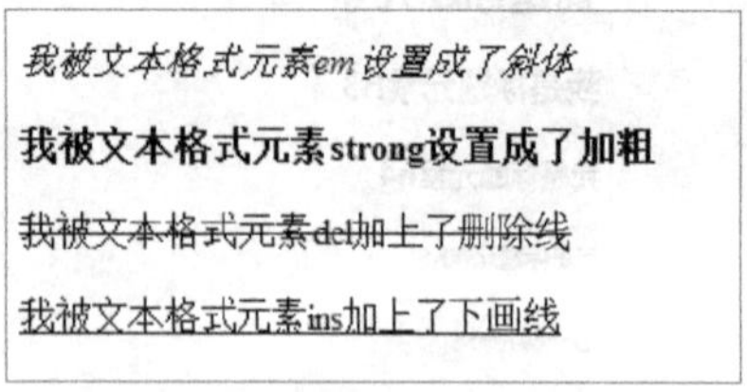

图 1-9　example1-4.html 运行效果

1.2.4 图像控制元素

图像控制元素 img 的作用是在网页中插入图像，图像控制元素 img 是单标记，由<img/>构成，它的属性 src 用于指定图像文件的路径和文件名。其语法格式如下。

语法格式　　<img src="图像的 URL">

下面通过例 1-5 对图像控制元素 img 进行讲解。

例 1-5　example1-5.html

```
1  <!DOCTYPE html>
2  <html>
3    <head>
4      <meta charset="UTF-8">
5      <title></title>
6    </head>
7    <body>
8      <img src="img/logo.gif" />
9    </body>
10 </html>
```

保存并运行上述代码，浏览器页面出现图片 logo.gif，如图 1-10 所示。

图 1-10　example1-5.html 运行效果

注意：

① 在网页中可以插入的图像的常用格式是 BMP、JPEG、GIF、PNG 等。为了加快网页的浏览速度，应避免在网页中使用较大的图像。

② 常见的文件路径有两种：一种是绝对路径；另一种是相对路径。绝对路径是指带有域名的文件的完整路径，例如：https://kns.cnki.net/kns/brief/default_result.aspx。相对路径是指由这个文件所在的位置引起的与其他文件或文件夹的路径关系，也就是文件自己相对于目标的位置。

1.2.5 超链接元素

超链接元素 a 是指从一个网页指向一个目标的链接关系，这个目标可以是一个网页、一张图片，还可以是一个压缩文件夹、一个文件、一个电子邮件地址和一个应用程序。超链接元素 a 是双标记，由<a>标记开始，以</a>标记结束，它的属性 href 用于指定链接目标的地址，可选属性（常用属性）target 用于指定打开链接文档的位置，其常用的属性值有_self（默认值，指在原窗口中打开目标文件）

和_blank（指在新窗口中打开目标文件）。其语法格式如下。

```
<a href="跳转的目标">内容</a>
```

上述语法格式中的内容可以是文字也可以是图片，下面通过例 1-6 对超链接元素 a 进行讲解。

例 1-6　example1-6.html

```
1  <!DOCTYPE html>
2  <html>
3    <head>
4      <meta charset="UTF-8">
5      <title></title>
6    </head>
7    <body>
8      <a href="http://www.baidu.com">打开百度网站</a> <br/>
9      <a href="article.html">打开文章页面</a> <br/>
10     <a href="#">空超链接</a><br/>
11     <a href="img/logo.gif">打开图片 logo.gif</a><br/>
12     <a href="HBuilder.rar">下载 HBuilder</a> <br/>
13     <a href="example1-2.html"><img src="img/ww.gif"></a>
14   </body>
15 </html>
```

保存并运行上述代码，浏览器页面出现 5 行文字超链接（文字超链接的默认样式是文字呈现蓝色、加下画线效果）和一张图片超链接，分别单击文字超链接和图片超链接将打开相应的内容，如图 1-11 所示。

图 1-11　example1-6.html 运行效果

1.2.6　列表元素

为了使网页信息更易读、更有条理，HTML 提供了 3 种列表元素：无序列表元素 ul、有序列表元素 ol 和定义列表元素 dl。

1. 无序列表元素 ul

无序列表元素 ul 的作用是为每一个列表项显示一个粗点，各列表项之间无先后顺序，无序列表元素 ul 用<ul></ul>标记定义边界，用<li></li>标记定义列表中的项目。其语法格式如下。

```
<ul>
    <li>列表项 1</li>
    <li>列表项 2</li>
        …
    <li>列表项 n</li>
</ul>
```

下面通过例 1-7 对无序列表元素 ul 进行讲解。

例 1-7　example1-7.html

```
1   <!DOCTYPE html>
2   <html>
3    <head>
4     <meta charset="UTF-8">
5     <title></title>
6    </head>
7    <body>
8     <ul>
9       <li>我是无序列表项 1</li>
10      <li>我是无序列表项 2</li>
11      <li>我是无序列表项 3</li>
12    </ul>
13   </body>
14  </html>
```

保存并运行上述代码，浏览器页面出现无序列表，如图 1-12 所示。需要注意的是，HTML5 不再支持无序列表元素 ul 的 type 属性修改列表项的显示方式。

- 我是无序列表项1
- 我是无序列表项2
- 我是无序列表项3

图 1-12　example1-7.html 运行效果

2. 有序列表元素 ol

有序列表元素 ol 的作用是为每一个列表项显示一个序号，各列表项之间有先后顺序，有序列表元素 ol 用<ol></ol>标记定义边界，用<li></li>标记定义列表中的项目。其语法格式如下。

```
<ol>
    <li>列表项 1</li>
    <li>列表项 2</li>
        …
    <li>列表项 n</li>
</ol>
```

下面通过例 1-8 对有序列表元素 ol 进行讲解。

例 1-8　example1-8.html

```
1   <!DOCTYPE html>
2   <html>
3     <head>
4       <meta charset="UTF-8">
5       <title></title>
6     </head>
7     <body>
8       <ol>
9         <li>我是有序列表项 1</li>
10        <li>我是有序列表项 2</li>
11        <li>我是有序列表项 3</li>
12      </ol>
13    </body>
14  </html>
```

保存并运行上述代码，浏览器页面出现有序列表，如图 1-13 所示。有序列表元素 ol 还包含 start 属性和 reversed 属性，其中，start 属性用于更改列表序号的起始值，reversed 属性用于对列表序号进行方向排序。

```
1. 我是有序列表项1
2. 我是有序列表项2
3. 我是有序列表项3
```

图 1-13　example1-8.html 运行效果

3. 定义列表元素 dl

定义列表元素 dl 的作用是对术语或名词进行解释或描述，定义列表元素 dl 用<dl></dl>标记定义边界，用<dt></dt>标记定义术语或名词，用<dd></dd>标记定义描述信息。其语法格式如下。

```
<dl>
    <dt>名词 1</dt>
    <dd>名词 1 解释 1</dd>
    <dd>名词 1 解释 2</dd>
        …
    <dt>名词 2</dt>
    <dd>名词 2 解释 1</dd>
    <dd>名词 2 解释 2</dd>
        …
</dl>
```

下面通过例 1-9 对定义列表元素 dl 进行讲解。

例 1-9　example1-9.html

```
1   <!DOCTYPE html>
2   <html>
3     <head>
```

4	`<meta charset="UTF-8">`
5	`<title></title>`
6	`</head>`
7	`<body>`
8	`<dl>`
9	`<dt>HBuilder</dt>`
10	`<dd>HBuilder 是 DCloud（数字天堂）推出的一款支持 HTML5 的 Web 开发 IDE。</dd>`
11	`<dt>Dreamweaver</dt>`
12	`<dd>Dreamweaver 最初由美国 Macromedia 公司开发，2005 年被 Adobe 公司收购。Dreamweaver`
13	`是集网页制作和网站管理于一身、所见即所得的网页代码编辑器。`
14	`</dd>`
15	`</dl>`
16	`</body>`
17	`</html>`

保存并运行上述代码，效果如图 1-14 所示。

图 1-14　example1-9.html 运行效果

1.2.7　结构元素

为了使文档的结构更加清晰，HTML5 新增了一些结构元素也称为语义化元素，这些语义化元素可以使开发人员语义化地创建文档，而在 HTML4 之前，开发人员在实现一些功能时还需要使用 div 元素。

HTML5 的结构元素包括 header 元素、nav 元素、article 元素、section 元素、aside 元素、footer 元素等。

1. header 元素

header 元素是具有引导和导航作用的辅助元素，用来表示页面中的一个内容区块或整个页面的标题。header 元素常用来放置页面标题、Logo 图片、搜索表单等。一个页面可以含有多个 header 元素。header 元素是双标记，由<header>标记开始，以</header>标记结束。其语法格式如下。

`<header>内容、标题</header>`

下面通过例 1-10 对 header 元素进行讲解。

例 1-10　example1-10.html

1	`<!DOCTYPE html>`
2	`<html>`
3	`<head>`
4	`<meta charset="UTF-8">`

```
5          <title></title>
6      </head>
7      <body>
8          <header>
9              <img src="img/logo.jpg" />
10         </header>
11     </body>
12 </html>
```

保存并运行上述代码,效果如图 1-15 所示。

图 1-15 example1-10.html 运行效果

2. nav 元素

nav 是 navigation 的缩写,意思为导航功能。nav 元素用于定义导航超链接部分,该元素把具有导航功能的超链接归整到一个区域内。一个页面可以含有多个 nav 元素。nav 元素通常适用于传统的导航条、侧边栏导航、页内导航(在本页面几个主要的组成部分之间进行跳转)和翻页操作(通过单击"上一页"或"下一页"按钮进行切换,也可以通过单击页码跳转切换)。nav 元素是双标记,由 <nav>标记开始,以</nav>标记结束。其语法格式如下。

 <nav>导航超链接部分内容</nav>

下面通过例 1-11 对 nav 元素进行讲解。

例 1-11   example1-11.html

```
1  <!DOCTYPE html>
2  <html>
3      <head>
4          <meta charset="UTF-8">
5          <title></title>
6      </head>
7      <body>
8          <nav>
9              <ul>
10                 <li><a href="#">网站首页</a></li>
11                 <li><a href="#">企业简介</a></li>
12                 <li><a href="#">产品介绍</a></li>
13                 <li><a href="#">企业文化</a></li>
14                 <li><a href="#">招聘信息</a></li>
15             </ul>
16         </nav>
```

```
17    </body>
18  </html>
```

保存并运行上述代码,效果如图 1-16 所示。

- 网站首页
- 企业简介
- 产品介绍
- 企业文化
- 招聘信息

图 1-16   example1-11.html 运行效果

3. article 元素

article 元素用于表示文档、页面或应用程序中独立的、完整的、可以独自被外部引用的内容。这些内容可以是一篇文章、一篇论坛帖子、一段用户评论等。除了内容部分,一个 article 元素通常还有自己的标题(一般放在一个 header 元素里面),有时还有自己的脚注。一个页面可以含有多个 article 元素。article 元素是双标记,由<article>标记开始,以</article>标记结束。其语法格式如下。

<article>内容</article>

下面通过例 1-12 对 article 元素进行讲解。

例 1-12   example1-12.html

```
1   <!DOCTYPE html>
2   <html>
3     <head>
4       <meta charset="UTF-8">
5       <title></title>
6     </head>
7   <body>
8       <article>
9         <header>
10            评论者: 张三
11        </header>
12        <p>快,是 HBuilder 的最大优势,通过完整的语法提示和代码输入法、代码块等。
13        </p>
14      </article>
15  </body>
16  </html>
```

保存并运行上述代码,效果如图 1-17 所示。

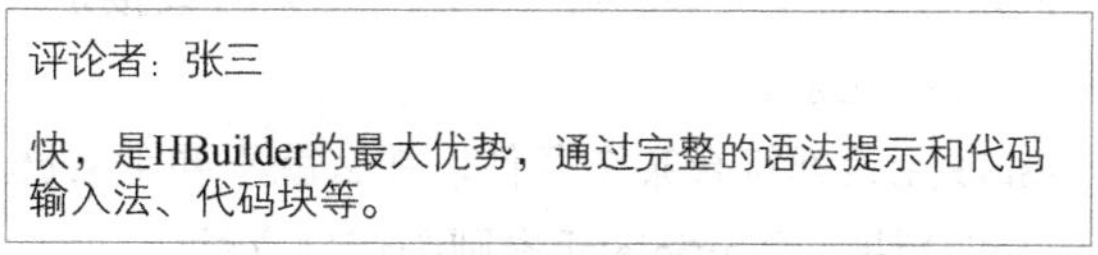

评论者: 张三

快,是HBuilder的最大优势,通过完整的语法提示和代码输入法、代码块等。

图 1-17   example1-12.html 运行效果

4. section 元素

section 元素用于对页面内容进行分块,或者对文章进行分段,通常由标题和内容组成,不推荐对那些没有标题的内容使用 section 元素。一个页面可以含有多个 section 元素。section 元素是双标记,由<section>标记开始,以</section>标记结束。其语法格式如下。

语法格式：<section>标题、内容</section>

下面通过例 1-13 对 section 元素进行讲解。

例 1-13 example1-13.html

```
1   <!DOCTYPE html>
2   <html>
3     <head>
4       <meta charset="UTF-8">
5       <title></title>
6     </head>
7     <body>
8       <section>
9         <h3>评论</h3>
10        <article>
11          <header>
12            评论者：张三
13          </header>
14          <p>快，是 HBuilder 的最大优势，通过完整的语法提示和代码输入法、代码块等。
15          </p>
16        </article>
17      </section>
18    </body>
19  </html>
```

保存并运行上述代码,效果如图 1-18 所示。

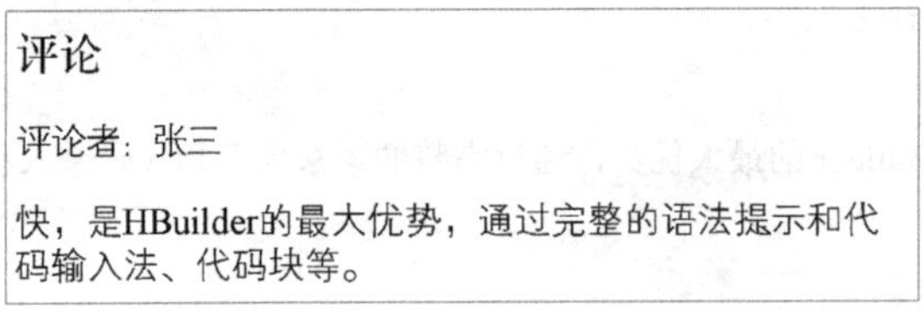

评论

评论者：张三

快，是HBuilder的最大优势，通过完整的语法提示和代码输入法、代码块等。

图 1-18 example1-13.html 运行效果

注意：

① section 元素并非一个普通的容器元素；当一个内容需要被直接定义样式或通过脚本定义行为时，推荐使用 div 元素而非 section 元素。

② 如果 article、nav、aside 元素都符合某个条件，那么就不要用 section 元素定义。

③ section 元素强调分段和分块,而 article 元素则强调独立性。

5. aside 元素

aside 元素用于表示和其余页面内容几乎无关的部分，被认为是独立于该内容的一部分并且可以被单独地拆分出来而不会使整体受影响。一个页面可以含有多个 aside 元素。

aside 元素的用法包括两种：一种是嵌套在 article 元素中，作为主要内容的附属信息，表示与当前文章相关的参考资料；另一种在 article 元素之外使用，作为页面和站点全局的附属信息部分，常以侧边栏的形式呈现，其中多为广告或者友情超链接等内容。

aside 元素是双标记，由<aside>标记开始，以</aside>标记结束。其语法格式如下。

　　　　<aside>内容</aside>

下面通过例 1-14 对 aside 元素进行讲解。

例 1-14　example1-14.html

```
1   <!DOCTYPE html>
2   <html>
3     <head>
4       <meta charset="UTF-8">
5       <title></title>
6     </head>
7     <body>
8       <article>
9         <header>
10              评论者：张三
11        </header>
12        <p>快，是 HBuilder 的最大优势，通过完整的语法提示和代码输入法、代码块等。
13        </p>
14      </article>
15      <aside>Web 开发教材</aside>
16    </body>
17  </html>
```

保存并运行上述代码，效果如图 1-19 所示。

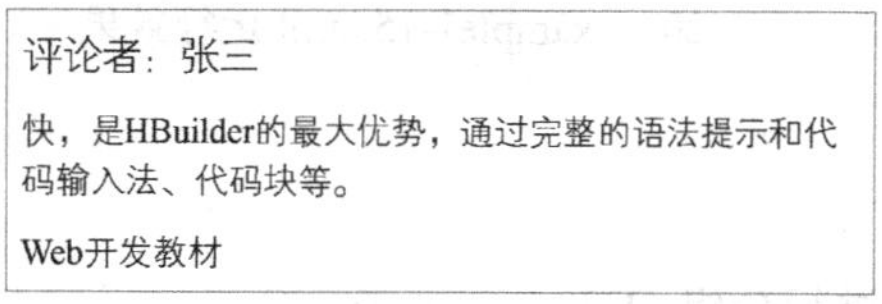

评论者：张三
快，是HBuilder的最大优势，通过完整的语法提示和代码输入法、代码块等。
Web开发教材

图 1-19　example1-14.html 运行效果

6. footer 元素

footer 元素用于表示一个页面或者区域的底部内容，其中通常包括作者信息、版权信息、使用条款超链接等。一个页面可以含有多个 footer 元素。footer 元素是双标记，由<footer>标记开始，以</footer>标记结束。其语法格式如下。

<footer>底部内容或脚注</footer>

下面通过例 1-15 对 footer 元素进行讲解。

例 1-15   example1-15.html

```
1   <!DOCTYPE html>
2   <html>
3       <head>
4           <meta charset="UTF-8">
5           <title></title>
6       </head>
7       <body>
8           <header>
9               标题、Logo
10          </header>
11          <nav>
12              导航栏超链接
13          </nav>
14          <article>
15              文章内容
16          </article>
17          <footer>
18              版权所有(c) Copyright 2019 Administrator. All Rights Reserved
19          </footer>
20      </body>
21  </html>
```

保存并运行上述代码，效果如图 1-20 所示。

```
标题、Logo
导航栏超链接
文章内容
版权所有(c) Copyright 2019 Administrator. All Rights Reserved
```

图 1-20   example1-15.html 运行效果

1.2.8 分组元素

分组元素用于将页面内容进行分组，HTML5 中表示分组的元素有 figure 元素、figcaption 元素和 hgroup 元素。

1. figure 元素

figure 元素用于定义独立的流内容（图像、图表、照片或代码等），一般指一个单独的单元。figure 元素定义的内容应该与主内容相关，但该内容被删除，不会对文档流产生影响。

一个页面可以含有多个 figure 元素。figure 元素是双标记，由<figure>标记开始，以</figure>标记结束。其语法格式如下。

```
<figure>插图内容</figure>
```

2. figcaption 元素

figcaption 元素用于为 figure 元素添加标题，该元素应该放在 figure 元素的第一个或者最后一个子元素的位置，一个 figure 元素内最多允许使用一个 figcaption 元素。figcaption 元素是双标记，由 <figcaption>标记开始，以</figcaption>标记结束。其语法格式如下。

```
<figcaption>插图标题</figcaption>
```

下面通过例 1-16 对 figure 元素和 figcaption 元素进行讲解。

例 1-16　example1-16.html

```
1   <!DOCTYPE html>
2   <html>
3     <head>
4       <meta charset="UTF-8">
5       <title></title>
6     </head>
7     <body>
8       <figure>
9         <figcaption>辽宁大学</figcaption>
10        <img src="img/ld.jpg" />
11        <p>辽宁大学——我的母校，简称"辽大"，是一所辽宁省主管的具备文、史、哲、经、法、理、工、管、
12          艺等学科门类的综合性重点大学。</p>
13      </figure>
14    </body>
15  </html>
```

保存并运行上述代码，效果如图 1-21 所示。

图 1-21　example1-16.html 运行效果

3. hgroup 元素

hgroup 元素用于将多个标题（主标题和副标题或子标题）组成一个标题组，它通常与 h1 至 h6 元素组合或与 figcaption 元素组合使用。hgroup 元素是双标记，由<hgroup>标记开始，以</hgroup>标

记结束。其语法格式如下。

<hgroup>插图标题</hgroup>

下面通过例1-17对hgroup元素进行讲解。

例1-17　example1-17.html

```
1   <!DOCTYPE html>
2   <html>
3     <head>
4       <meta charset="UTF-8">
5       <title></title>
6     </head>
7   <body>
8     <hgroup>
9       <figcaption>辽宁大学</figcaption>
10      <p>辽宁大学简称"辽大"，是一所辽宁省主管的具备文、史、哲、经、法、理、工、管、艺等学科门
11         类的综合性重点大学。</p>
12      <figcaption>东北大学</figcaption>
13      <p>东北大学是中华人民共和国教育部直属的高水平研究型全国重点大学，是世界一流大学建设高校，
14         国家首批"211工程""985工程"重点建设高校。</p>
15    </hgroup>
16  </body>
17  </html>
```

保存并运行上述代码，效果如图1-22所示。

> 辽宁大学
>
> 辽宁大学简称"辽大"，是一所辽宁省主管的具备文、史、哲、经、法、理、工、管、艺等学科门类的综合性重点大学。
>
> 东北大学
>
> 东北大学是中华人民共和国教育部直属的高水平研究型全国重点大学，是世界一流大学建设高校，国家首批"211工程""985工程"重点建设高校。

图1-22　example1-17.html运行效果

注意：

① 如果只有一个标题，那么不推荐使用hgroup元素作为标题元素；

② 当出现一个或者一个以上的标题时，推荐使用hgroup元素作为标题元素；

③ 当一个标题包含副标题section元素或article元素时，建议将hgroup元素和标题相关元素存放到header元素容器中。

1.2.9　内容交互元素

内容交互元素details用于文档的标题、细节、内容的交互显示。常与summary元素配合使用。在默认情况下，details元素中的内容是不显示的，当与summary元素配合使用，单击summary元素

后，才会显示 details 元素中设置的内容。其语法格式如下。

```
<details>
    <summary>显示内容标题</summary>
    显示内容
</details>
```

下面通过例 1-18 对内容交互元素 details 进行讲解。

例 1-18　example1-18.html

```
1   <!DOCTYPE html>
2   <html>
3     <head>
4       <meta charset="UTF-8">
5       <title></title>
6     </head>
7     <body>
8       <details>
9         <summary>辽宁大学</summary>
10        <p>辽宁大学简称"辽大"，是一所辽宁省主管的具备文、史、哲、经、法、理、工、管、艺等学
11           科门类的综合性重点大学。</p>
12      </details>
13      <details>
14        <summary>东北大学</summary>
15        <p>东北大学是中华人民共和国教育部直属的高水平研究型全国重点大学，是世界一流大学建设高
16           校，国家首批"211 工程""985 工程"重点建设高校。</p>
17      </details>
18    </body>
19  </html>
```

保存并运行上述代码，效果如图 1-23 所示，分别单击"辽宁大学"和"东北大学"，效果如图 1-24 所示。

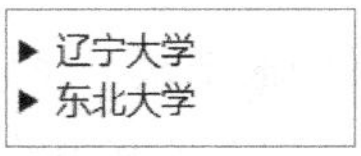

图 1-23　example1-18.html 运行效果 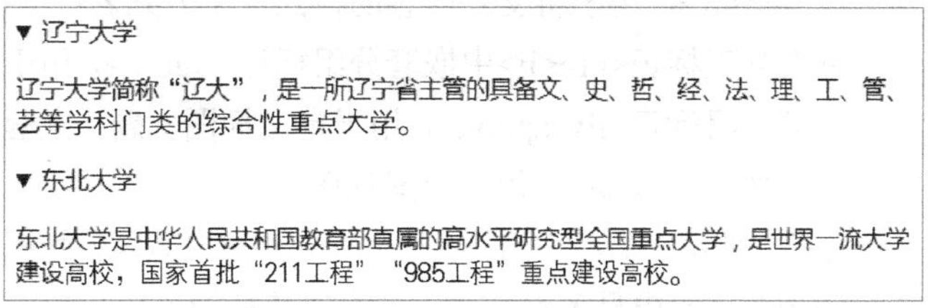　　图 1-24　分别单击"辽宁大学"和"东北大学"后的运行效果

1.3　项目分析

1.3.1　页面结构分析

页面结构如图 1-25 所示。

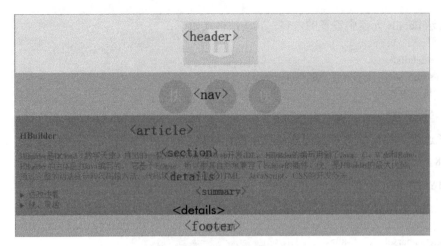

图 1-25 页面结构

通过观察图 1-25，我们发现页面的主体结构由 Logo、导航栏、主体内容和版尾四个版块组成。

- Logo：使用 HTML5 结构标记<header>布局，如图 1-25 所示，其中嵌套段落标记<p>，用于在页面中水平居中对齐其中的内容，在段落标记<p>中嵌套图像标记<img>，用于显示 Logo。
- 导航栏：使用 HTML5 结构标记<nav>布局导航栏，如图 1-25 所示，其中嵌套段落标记<p>，用于在页面中水平居中对齐其中的内容，在段落标记<p>中嵌套图像标记<img>，用于显示导航图片。
- 主体内容：
  - ➢ 使用 HTML5 结构标记<article>布局主体内容，其中嵌套结构标记<section>，用于显示主体内容，嵌套内容交互标记<details>，用于实现内容的交互，如图 1-25 所示；
  - ➢ 在结构标记<section>中嵌套标题标记<h1>，用于显示标题文字，嵌套段落标记<p>，用于在页面中显示段落内容；
  - ➢ 在内容交互标记<details>中嵌套<summary>标记用于定义交互标题，嵌套段落标记<p>，用于定义交互内容；
  - ➢ 在另一个内容交互标记<details>中嵌套<summary>标记用于定义交互标题，嵌套列表标记<ul><li>，用于将交互内容的样式定义为列表；
  - ➢ 在列表标记<ul><li>中嵌套分组标记<figure>，用于定义插图内容，在分组标记<figure>中嵌套分组标记<figcaption>，用于定义插图标题，嵌套段落标记<p>，用于定义描述内容，嵌套图像标记<img>，用于定义插图。
- 版尾：使用 HTML5 结构标记<footer>布局版尾，如图 1-25 所示，其中嵌套水平线标记<hr/>，用于在页面中显示水平线，嵌套段落标记<p>，用于在页面中水平居中对齐其中的内容。

1.3.2 样式分析

- 页面背景：设置主体标记<body>的 bgcolor 属性为#efe5d2（豆沙色）。
- Logo 版块：设置嵌套的段落标记<p>的 align 属性为 center，使 Logo 版块内容水平居中对齐。
- 导航栏版块：设置嵌套的段落标记<p>的 align 属性为 center，使导航栏版块内容水平居中对齐。
- 版尾：设置嵌套的段落标记<p>的 align 属性为 center，使版尾内容水平居中对齐。

1.4 项目实践

1.4.1 制作页面结构

1. 制作 Logo 版块

```
1  <header>
2      <p align="center">
3          <a href="https://www.dcloud.io/"><img src="img/1-2.png" /></a>
4      </p>
5  </header>
```

2. 制作导航栏

```
1  <nav>
2      <p align="center">
3          <img src="img/1-3.png" />
4          <img src="img/1-4.png" />
5          <img src="img/1-5.png" />
6      </p>
7  </nav>
```

3. 制作主体内容

```
1   <article>
2       <section>
3           <h1>HBuilder</h1>
4           <p>HBuilder 是 DCloud（数字天堂）推出的一款支持 HTML5 的 Web 开发 IDE。HBuilder 的编写
5           用到了 Java、C、Web 和 Ruby。HBuilder 的主体是由 Java 编写的，它基于 Eclipse，所以顺其自然
6           地兼容了 Eclipse 的插件。快，是 HBuilder 的最大优势，通过完整的语法提示和代码输入法、代码
7           块等，大幅提高了 HTML、JavaScript、CSS 的开发效率。</p>
8       </section>
9       <details>
10          <summary>边改边看</summary>
11          <p>在 Windows 下按 Ctrl+P（在 macOS 下按 Command+P）快捷键进入边改边看模式，在此模式下，
12          如果当前打开的是 HTML 文件，则每次保存系统均会自动刷新以显示当前页面效果（如果打开的
13          是 JavaScript、CSS 文件，且与当前浏览器视图打开的页面有引用关系，则也会刷新）。</p>
14      </details>
15      <details>
16          <summary>快、灵活</summary>
17          <ul>
18              <li>
19                  <figure>
20                      <figcaption>速度快</figcaption>
21                      <p>HBuilder 代码块大量减少重复代码工作量。</p>
22                      <img src="img/1-6.jpg" />
```

23	`            </figure>`
24	`        </li>`
25	`        <li>灵活的快捷键使得程序员在编程过程中手不离键盘</li>`
26	`        <li>使用 CSS 选择器语法来快速开发 HTML 和 CSS（支持 Emmet）</li>`
27	`        <li>强大的 JavaScript 解析引擎大大加快了 JavaScript 开发的速度</li>`
28	`    </ul>`
29	`</details>`
30	`</article>`

▶ **4. 制作版尾**

1	`<footer>`
2	`    <hr/>`
3	`    <p align="center">版权所有</p>`
4	`</footer>`

1.4.2 定义 CSS 样式

定义页面背景的样式。

`<body bgcolor="#efe5d2">`

1.5 项目总结

通过本项目的学习，读者能够了解 HTML5 文档的基本结构，并且能够熟练运用文本控制元素、图像控制元素、超链接元素、列表元素、结构元素、分组元素及内容交互元素。

项目 2 制作化妆品展示列表页面

2.1 项目描述

随着网页技术的发展,我们对页面内容的样式有了更精确的控制。本项目使用 CSS3 选择器、链接伪类等技术制作化妆品展示列表页面,本项目也将带读者回顾 HTML5 的基础知识。项目默认效果如图 2-1 所示。当鼠标指针悬停在导航栏选项上时,该选项的文本颜色发生变化,且添加下画线效果,如图 2-2 所示。当选择某个导航栏选项时,页面的下面会出现化妆品的介绍内容,如选择"雅诗兰黛"选项,效果如图 2-3 所示。

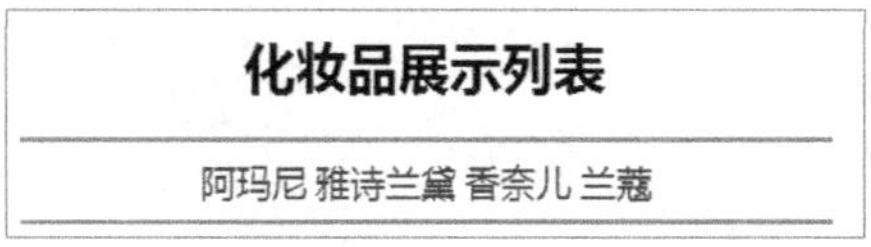

图 2-1 项目默认效果 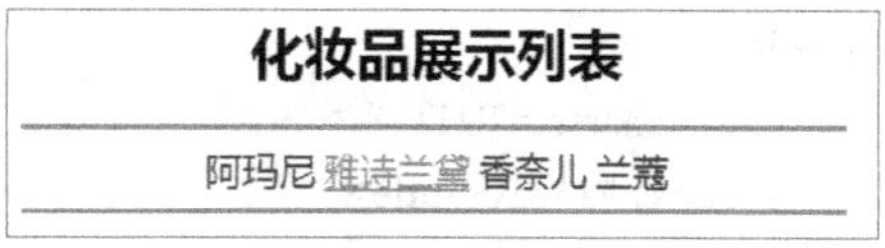   图 2-2 鼠标指针悬停在导航栏选项上时的效果

图 2-3 化妆品介绍效果

2.2 前导知识

2.2.1 初识 CSS

随着 HTML 的成长,为了满足网页设计者的要求,HTML 添加了很多显示功能,使 HTML 变得越来越杂乱,代码越来越多,内容和样式混在一起,导致可读性差。由此,CSS 应运而生。

CSS 是 Cascading Style Sheets 英文全称的缩写,是一种用来表现 HTML、XML 等文件样式的计算机语言。CSS 的主要思想是样式与内容的分离,在网页设计中,CSS 负责网页内容的表现,即定义网页内容的样式,如定义文本的字符间距、对齐文本、对文本进行缩进等,而 HTML 则负责定义网页的内容。

2.2.2　引入 CSS 样式与 CSS 语法格式

我们可以直接将 CSS 样式设置在 HTML 文件中，也可以建立一个单独的样式表文件，并将其引入 HTML 文件中。CSS 样式的设置方式有三种：行内样式、内嵌样式和外部样式。

① 行内样式：也称为内联样式，其样式是直接设置在要修饰的 HTML 标记中的。其语法格式如下。

```
<标记名  style="属性 1:属性值 1;属性 2:属性值 2;…属性 n:属性值 n; ">内容</标记名>
```

行内样式的特点是灵活、简单方便，但定义的 CSS 样式只对使用了 style 属性的标记起作用。下面通过例 2-1 对行内样式进行讲解。

例 2-1　example2-1.html

```
1  <!DOCTYPE html>
2  <html>
3    <head>
4      <meta charset="UTF-8">
5      <title>行内样式</title>
6    </head>
7    <body>
8      <p style="color: #f0123f; font-size: 30px; text-decoration: underline;">行内样式</p>
9      <p>我没有定义行内样式。</p>
10   </body>
11 </html>
```

保存并运行上述代码，效果如图 2-4 所示。

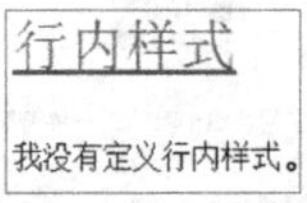

图 2-4　example2-1.html 运行效果

② 内嵌样式：CSS 样式内容以代码的形式集中写在 HTML 的头部元素 head 中，并且用 style 元素进行定义，语法格式如下。

```
<style type="text/css">
    选择器｛属性 1:属性值 1;属性 2:属性值 2;…属性 n:属性值 n;｝
</style>
```

内嵌样式的特点是一个样式可以在一个页面中被多次使用。下面通过例 2-2 对内嵌样式进行讲解。

例 2-2　example2-2.html

```
1  <!DOCTYPE html>
2  <html>
3    <head>
4      <meta charset="UTF-8">
```

5	`<title>内嵌样式</title>`
6	`<style type="text/css">`
7	`    p{ color: #f0123f; font-size: 30px; text-decoration: underline;}`
8	`</style>`
9	`</head>`
10	`<body>`
11	`    <p>我定义了内嵌样式。</p>`
12	`    <p>我也定义了内嵌样式。</p>`
13	`</body>`
14	`</html>`

保存并运行上述代码,效果如图 2-5 所示。

> 我定义了内嵌样式。
> 我也定义了内嵌样式。

图 2-5 example2-2.html 运行效果

③ 外部样式:也称为链入式,是将所有的 CSS 样式内容以代码的形式集中写在一个或多个以.css 为扩展名的外部样式表文件中,再通过 HTML 的链接外部资源元素 link 将外部样式表 CSS 文件链接到 HTML 文档中的(<link>标记写在<head>标记中)。

CSS 外部样式表语法格式如下。

选择器 {属性 1:属性值 1;属性 2:属性值 2;...属性 n:属性值 n;}

HTML 文档链接外部样式表语法格式如下。

`<link href="CSS 文件路径和名字" type="text/css" rel="stylesheet" />`

上述语法格式中的 href 属性用于定义所链接外部样式表文件的路径和名字,可以是相对路径也可以是绝对路径,type 属性用于定义所链接文档的类型,在这里指定为 text/css,表示所链接的文档是 CSS 样式表;rel 属性用于定义当前文档与被链接文档的关系,在这里指定为 stylesheet,表示 href 链接的文档是一个样式表文件。

外部样式的特点是需要有一个外部样式表文件供多个网页共同引用,既可以减少代码,又可以统一页面风格。下面通过例 2-3 讲解一个 HTML 文档如何链接外部 CSS 样式表文件。

例 2-3   example2-3.html

① 新建一个 HTML 文档,并在该文档中添加一个段落文本,代码如下。

1	`<!DOCTYPE html>`
2	`<html>`
3	`  <head>`
4	`    <meta charset="UTF-8">`
5	`    <title>外部样式</title>`
6	`  </head>`
7	`  <body>`
8	`    <p>我是外部样式,使用链接外部资源元素 link 可以把 CSS 样式表文件链接到 HTML 文档中。</p>`

```
9    </body>
10   </html>
```

保存此 HTML 文档。

② 创建 CSS 样式表文件。在菜单栏中选择"文件"→"新建"→"CSS 文件"命令，弹出"创建文件向导"窗口，在"文件名"输入框中输入"2-3.css"，如图 2-6 所示，单击"完成"按钮。

图 2-6 创建 CSS 样式表文件

③ 输入 CSS 样式。在创建的 CSS 样式表文件中输入如图 2-7 所示的代码。

```
1 p{ font-size: 30px; text-decoration: underline; color: #FA7103;}
2
```

图 2-7 输入 CSS 样式

④ 链接 CSS 样式表文件。在第①步新建的 HTML 文档的起始标记<head>和结束标记</head>之间，添加<link/>标记，如图 2-8 所示。

```
1  <!DOCTYPE html>
2  <html>
3      <head>
4          <meta charset="UTF-8">
5          <title>外部样式</title>
6          <link href="2-3.css"  type="text/css" rel="stylesheet"/>
7      </head>
8      <body>
9          <p>我是外部样式，使用链接外部资源元素link可以把CSS样式表文件链接到HTML文档中。</p>
10     </body>
11 </html>
12
```

图 2-8 链接 CSS 样式表文件

保存并运行 HTML 文档，效果如图 2-9 所示。

我是外部样式，使用链接外部资源元素link可以把CSS样式表文件链接到HTML文档中。

图 2-9　example2-3.html 运行效果

2.2.3　CSS 基础选择器

在 CSS 中，选择器是一种模式，用于选择需要添加样式的元素。CSS 基础选择器包括标记选择器、id 选择器、class 选择器、通配符选择器、并集选择器、后代选择器、子代选择器、属性选择器等。

▶ 1. 标记选择器

标记选择器是以 HTML 标记作为选择器的，其作用范围是所有符合条件的 HTML 标记。在 2.2.1 节和 2.2.2 节中涉及的选择器均属于标记选择器。

▶ 2. id 选择器

id 选择器使用 HTML 元素的 id 属性值作为选择器。id 选择器可以为标有特定 id 属性的 HTML 元素指定特定的样式，id 选择器以 "#" 来定义。id 选择器还可以为相同的 HTML 元素定义不同的样式。

下面通过例 2-4 对 id 选择器进行讲解。

例 2-4　example2-4.html

```
1   <!DOCTYPE html>
2   <html>
3     <head>
4       <meta charset="UTF-8">
5       <title></title>
6       <style type="text/css">
7         #red {color:red;}
8         #green {color:green;}
9       </style>
10    </head>
11    <body>
12      <p id="red">这个段落的颜色是红色的。</p>
13      <p id="green">这个段落的颜色是绿色的。</p>
14    </body>
15  </html>
```

保存并运行上述代码，效果如图 2-10 所示。在本例中，我们分别设置了两个 p 元素的 id 属性值，并用 "#" 定义了 id 选择器，第 7 行代码用于定义 id 属性值为 red 的所有元素的文字颜色是红色，第 8 行代码用于定义 id 属性值为 green 的 p 元素中的文字颜色是绿色。

这个段落的颜色是红色的。
这个段落的颜色是绿色的。

图 2-10　example2-4.html 运行效果

注意：

① id 选择器的名称可以由数字、英文字符、下画线组成，数字不可以作为 id 选择器名称的开头，在企业开发中一般使用英文字符作为开头；

② id 选择器区分大小写；

③ id 选择器相当于人的身份证，拥有唯一性；

④ id 选择器不能使用词列表，不能将两个词结合使用，因为 id 属性不允许有以空格分隔的词列表，例如，不能出现<p id="box abc"></p>的代码写法。

3. class 选择器

class 选择器又称为类选择器，使用 HTML 元素的 class 属性值作为选择器。class 选择器以 "."来定义。

class 选择器既可以为不同元素定义相同的样式，又可以为相同元素定义不同的样式。

下面通过例 2-5 对 class 选择器进行讲解。

例 2-5　example2-5.html

```
1   <!DOCTYPE html>
2   <html>
3    <head>
4        <meta charset="UTF-8">
5        <title></title>
6        <style type="text/css">
7            .red{ color:#fa0303;}
8        </style>
9    </head>
10   <body>
11       <h1 class="red">
12       我是标题标记，我是红色的。
13       </h1>
14       <p class="red">
15       我是段落标记，我也是红色的。
16       </p>
17   </body>
18   </html>
```

保存并运行上述代码，效果如图 2-11 所示。在本例中，我们设置了 h1 元素和 p 元素的 class 属性值，并用 "."定义了 class 选择器，第 7 行代码用于定义 class 属性值为 red 的所有元素的文字颜色是红色。该例实现了 class 选择器为不同元素定义相同的样式。

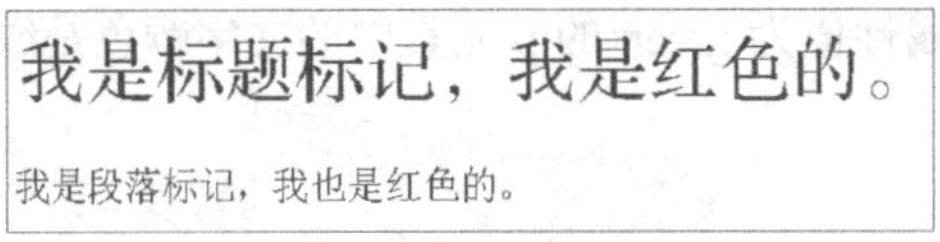

图 2-11　example2-5.html 运行效果

注意：

① class 选择器的名称可以由数字、英文字符、下画线组成，数字不可以作为 class 选择器名称的开头，在企业开发中一般使用英文字符作为开头；

② class 选择器区分大小写；

③ class 选择器可以多次重复使用；

④ class 选择器可以使用词列表，将两个词结合使用，一个 HTML 元素可以同时具有多个 class 属性值，各属性值之间用空格分隔，多个属性值可以同时作用于它，例如，<p class="box abc content"></p>。

4. 通配符选择器

通配符选择器是所有选择器中作用范围最广的，能够定义文档中的所有元素。通配符选择器以"*"来定义。其语法格式如下。

　　*｛属性 1:属性值 1;属性 2:属性值 2;…属性 n:属性值 n;｝

下面通过例 2-6 对通配符选择器进行讲解。

例 2-6　example2-6.html

```
1   <!DOCTYPE html>
2   <html>
3   <head>
4       <meta charset="UTF-8">
5       <title></title>
6       <style type="text/css">
7           *{ font-size: 28px;}
8       </style>
9   </head>
10  <body>
11      <p>
12      我是段落标记。
13      </p>
14      <a href="#">
15      我是超链接标记。
16      </a>
17  </body>
18  </html>
```

保存并运行上述代码，效果如图 2-12 所示。在本例中，我们设置了 p 元素和 a 元素，并用"*"定义了通配符选择器，第 7 行代码用于定义页面中所有元素的文字大小都是 28px。

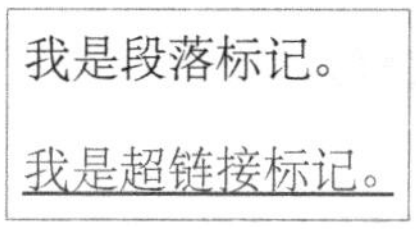

　　　　　　　　我是段落标记。

　　　　　　　　我是超链接标记。

图 2-12　example2-6.html 运行效果

5. 并集选择器

并集选择器是指各个选择器通过逗号连接,任何选择器(标记选择器、id 选择器及 class 选择器)都可以作为并集选择器的一部分,各个选择器拥有相同的样式。其语法格式如下。

> 语法格式　选择器 1,选择器 2,...选择器 n｛属性 1:属性值 1;属性 2:属性值 2;...属性 n:属性值 n;｝

下面通过例 2-7 对并集选择器进行讲解。

例 2-7　example2-7.html

```
1   <!DOCTYPE html>
2   <html>
3     <head>
4       <meta charset="UTF-8">
5       <title></title>
6       <style type="text/css">
7           p,h1,h6{ color:#09a614;}
8       </style>
9     </head>
10    <body>
11      <p>我是段落标记,我是绿色的。</p>
12      <h1>我是标题 1 标记,我也是绿色的。</h1>
13      <h6>我是标题 6 标记,我也是绿色的。</h6>
14    </body>
15  </html>
```

保存并运行上述代码,效果如图 2-13 所示。在本例中,元素 p、元素 h1 和元素 h6 的文字颜色均为绿色。

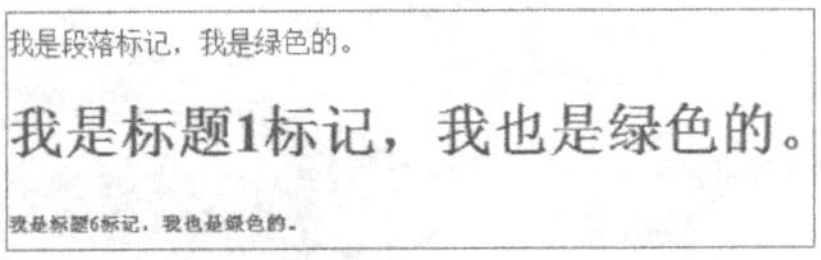

图 2-13　example2-7.html 运行效果

6. 后代选择器

后代选择器又称为包含选择器。后代选择器可以控制作为某元素后代的元素。后代选择器的功能极其强大。有了它,可以使 HTML 中不可能实现的任务成为可能。其语法格式如下。

> 语法格式　外层选择器　内层选择器｛属性 1:属性值 1;属性 2:属性值 2;...属性 n:属性值 n;｝

下面通过例 2-8 对后代选择器进行讲解。

例 2-8　example2-8.html

```
1   <!DOCTYPE html>
2   <html>
3     <head>
```

```
4       <meta charset="UTF-8">
5       <title></title>
6       <style type="text/css">
7           h1 em{ color: #FA7103;}
8           p strong em{ color: #f929cf;}
9       </style>
10  </head>
11  <body>
12      <h1>这是标题标记<em>important</em></h1>
13      <p>这是段落标记<strong><em>important</em></strong></p>
14      <em>我是斜体标记</em>
15  </body>
16  </html>
```

保存并运行上述代码,效果如图 2-14 所示。在本例第 13 行代码中,元素 p 内嵌套了元素 strong,元素 strong 内又嵌套了元素 em,我们就可以使用第 8 行代码对元素 em 进行控制,设置其文字颜色为紫色;在第 12 行代码中,元素 h1 内嵌套了元素 em,我们也可以使用第 8 行代码对元素 em 进行控制,设置其文字颜色为橘色;而第 14 行代码中的元素 em 不是元素 h1 和元素 p 内嵌套的元素,因此,其文字颜色并没有发生变化。

这是标题标记*important*

这是段落标记 *important*

我是斜体标记

图 2-14 example2-8.html 运行效果

注意:
① 后代选择器仅适用于嵌套关系中的内层元素;
② 两个元素之间的层次间隔可以是无限的,而无论嵌套的层次有多深;
③ 后代选择器不限于两个元素的嵌套,如果是多层嵌套,只需在元素之间加上空格即可。例如,元素 p 内嵌套了元素 strong,元素 strong 内嵌套了元素 em,要想控制元素 em,就可以用 p strong em 来描述。

▶ 7. 子代选择器

与后代选择器不同的是,子代选择器控制的是某元素(父亲)后代的第 1 级子元素(孩子),而非某元素后代的所有元素。其语法格式如下。

父选择器>第 1 级子选择器 { 属性 1:属性值 1;属性 2:属性值 2;…属性 n:属性值 n; }

下面通过例 2-9 对子代选择器进行讲解。

例 2-9   example2-9.html

```
1   <!DOCTYPE html>
2   <html>
3       <head>
```

```
4        <meta charset="UTF-8">
5        <title></title>
6        <style type="text/css">
7            h1>em{ color: #FA7103;}
8        </style>
9    </head>
10   <body>
11       <h1>这是标题标记<em>important</em></h1>
12       <h1>这是标题标记<strong><em>important</em></strong></h1>
13       <em>我是斜体标记</em>
14   </body>
15  </html>
```

保存并运行上述代码,效果如图 2-15 所示。在本例第 11 行代码中,元素 h1 内嵌套了第 1 级子元素 em,我们可以使用子代选择器对元素 em 进行控制,设置其文字颜色为橘色;在第 12 行代码中,元素 h1 内嵌套了元素 strong,元素 strong 内又嵌套了元素 em,由于元素 em 不是元素 h1 的第 1 级子元素,而是第 2 级子元素,因此,第 7 行的代码不能对该元素 em 进行控制,文字颜色没有变成橘色;在第 13 行代码中,元素 em 也不是元素 h1 的第 1 级子元素,因此,第 7 行的代码也不能对该元素 em 进行控制,文字颜色没有变成橘色。

这是标题标记*important*
这是标题标记*important*
我是斜体标记

图 2-15 example2-9.html 运行效果

▶8. 属性选择器

CSS2 引入了属性选择器。属性选择器是根据元素的属性及属性值来控制元素的。属性选择器在为不带有 class 或 id 的表单设置样式时特别有用。其语法格式如下。

选择器[属性=属性值] {属性 1:属性值 1;属性 2:属性值 2;...属性 n:属性值 n;}

下面通过例 2-10 对属性选择器进行讲解。

例 2-10 example2-10.html

```
1   <!DOCTYPE html>
2   <html>
3     <head>
4       <meta charset="UTF-8">
5       <title></title>
6       <style type="text/css">
7           input[type="text"]{
8               width:150px;
9               height:30px;
10              background-color:yellow;}
```

```
11          input[type="password"]{
12              width:150px;
13              height:30px;
14              background-color: #ddd8dc;}
15          input[type="submit"]{
16              width:60px;}
17      </style>
18  </head>
19  <body>
20      <form action="index.html" method="post">
21          用户名:<input type="text" />
22          密码:<input type="password" />
23          <input type="submit"   value="登录"/>
24      </form>
25  </body>
26  </html>
```

保存并运行上述代码，效果如图 2-16 所示。

图 2-16   example2-10.html 运行效果

2.2.4 伪元素选择器

伪元素选择器是用来在 HTML 文档中插入假象的元素。伪元素选择器包括:before 选择器和:after 选择器。

▶ 1. :before 选择器

:before 选择器是指为指定元素的内容前面添加一个子元素，必须用 content 属性来指定要插入的具体内容。其语法格式如下。

    <元素>:before{ content:内容/url(); }

▶ 2. :after 选择器

:after 选择器是指为指定元素的内容后面添加一个子元素，必须用 content 属性来指定要插入的具体内容。其语法格式如下。

    <元素>:after{content:内容/url();}

下面通过例 2-11 对:before 选择器和:after 选择器进行讲解。

例 2-11   example2-11.html

```
1   <!DOCTYPE html>
2   <html>
3   <head>
```

```
4        <meta charset="UTF-8">
5        <title></title>
6        <style type="text/css">
7              .box{
8                  width: 200px;
9                  height: 100px;
10                 background:#ced1ce;}
11             .box:before{
12                 content: "我是";
13                 color: #FA7103;
14                 font-size: 32px;
15                 font-weight: bolder;}
16             .box:after{
17                 content: "盒子";
18                 color: #1caebf;
19                 font-size: 32px;}
20       </style>
21   </head>
22   <body>
23       <div class="box">
24           div
25       </div>
26   </body>
27   </html>
```

保存并运行上述代码,效果如图 2-17 所示。

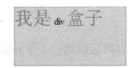

图 2-17 example2-11.html 运行效果

2.2.5 链接伪类

　　在定义超链接时,通常需要为超链接定义不同状态下的样式,比如,超链接正常状态时的样式、鼠标指针悬停时的样式及单击后超链接的样式。CSS 通过使用链接伪类就可以实现以上这些不同状态的样式。

　　伪类并不是真正的类,其名称由系统定义,通常由标记名、类名或 id 名后加":"构成。

　　超链接元素 a 的伪类有 4 种,分别是 a:link(未被访问时超链接的状态)、a:visited(已被访问的超链接状态)、a:hover(鼠标指针悬停时超链接的状态)、a:active(单击不动时超链接的状态)。这 4 种伪类在书写时必须按照以上的顺序,否则定义的样式不起作用,若某种伪类不需要设置,可默认。另外,在实际工作中,通常对 a:link 和 a:visited 定义相同的样式,使未访问和访问后的超链接样式保持一致。

下面通过例 2-12 对链接伪类进行讲解。

例 2-12 example2-12.html

```
1   <!DOCTYPE html>
2   <html>
3     <head>
4       <meta charset="UTF-8">
5       <title></title>
6       <style type="text/css">
7           a{ font-size:14px; text-decoration: none;}
8           a:link,a:visited{
9           color:#0a798a; }
10          a:hover{ color: #FA7103;}
11          a:active{ color: #333333;}
12      </style>
13    </head>
14    <body>
15      <a href="#">网站首页</a>
16      <a href="#">公司概况</a>
17      <a href="#">招聘信息</a>
18      <a href="#">联系我们</a>
19    </body>
20  </html>
```

保存并运行上述代码，效果如图 2-18、图 2-19 和图 2-20 所示。

图 2-18 鼠标指针悬停时的效果    图 2-19 未被访问和访问过的效果

图 2-20 单击不动时的效果

2.2.6 结构化伪类选择器

结构化伪类选择器是 CSS3 中新增加的选择器。常用的结构化伪类选择器包括::only-child 选择器、:first-child 选择器、:last-child 选择器、:nth-child(n)选择器、:nth-last-child(n)选择器、:nth-of-type(n)选择器、:nth-last-of-type(n)选择器、:target 选择器。

1. :only-child 选择器

:only-child 选择器用于匹配属于其父元素的唯一子元素的元素。也就是说，如果某个父元素有且只有一个子元素，则使用:only-child 选择器来定义这个子元素的样式。其语法格式如下。

子元素:only-child { 属性 1:属性值 1;属性 2:属性值 2;...属性 n:属性值 n;}

下面通过例 2-13 对结构化伪类选择器进行讲解。

例 2-13　example2-13.html

```
1   <!DOCTYPE html>
2   <html>
3    <head>
4     <meta charset="UTF-8">
5     <title></title>
6     <style type="text/css">
7         a{ font-size:14px; }
8         a:only-child{
9         font-size: 32px;
10        text-decoration: none;
11        color: #FA7103;}
12    </style>
13   </head>
14   <body>
15     <div>
16       <a href="#">Logo</a>
17     </div>
18     <div>
19       <a href="#">网站首页</a>
20       <a href="#">公司概况</a>
21       <a href="#">招聘信息</a>
22       <a href="#">联系我们</a>
23     </div>
24   </body>
25   </html>
```

保存并运行上述代码，效果如图 2-21 所示。本例第 16 行代码中的元素 a 是第 15 行代码中元素 div 唯一的子元素，因此，第 7 行至第 11 行代码对第 16 行代码起作用，但第 19 行至第 22 行代码中的元素 a 不是第 18 行代码中元素 div 唯一的子元素，因此，第 7 行至第 11 行代码对第 19 行至第 22 行代码不起作用。

> **Logo**
> 网站首页 公司概况 招聘信息 联系我们

图 2-21　example2-13.html 运行效果

▶ **2. :first-child 选择器和:last-child 选择器**

:first-child 选择器和:last-child 选择器分别用于定义某元素的第一个或最后一个子元素的样式。其语法格式如下。

子元素:first-child { 属性 1:属性值 1;属性 2:属性值 2;…属性 n:属性值 n;}
子元素:last-child { 属性 1:属性值 1;属性 2:属性值 2;…属性 n:属性值 n;}

下面通过例 2-14 对:first-child 选择器进行讲解。

例 2-14　example2-14.html

```
1   <!DOCTYPE html>
2   <html>
3   <head>
4       <meta charset="UTF-8">
5       <title></title>
6       <style type="text/css">
7           a{ text-decoration: none;
8           color: #FA7103; }
9           a:first-child{
10          color: #138ea0;
11          font-weight: bolder;}
12      </style>
13  </head>
14  <body>
15      <div>
16          <a href="#">网站首页</a>
17          <a href="#">公司概况</a>
18          <a href="#">招聘信息</a>
19          <a href="#">联系我们</a>
20      </div>
21  </body>
22  </html>
```

保存并运行上述代码，效果如图 2-22 所示。本例第 9 行至第 11 行代码定义了第一个超链接元素的样式，文字颜色为蓝色且加粗。

网站首页 公司概况 招聘信息 联系我们

图 2-22　example2-14.html 运行效果

3. :nth-child(n)选择器和:nth-last-child(n)选择器

:nth-child(n)选择器用于定义某元素的第 n 个子元素，不管元素的类型。其语法格式如下。

　　子元素:nth-child(n) ｛属性 1:属性值 1;属性 2:属性值 2;…属性 n:属性值 n;｝

:nth-last-child(n)选择器用于定义某元素的第 n 个子元素，不管元素的类型，从最后一个子元素开始计数。其语法格式如下。

　　子元素:nth-last-child(n) ｛属性 1:属性值 1;属性 2:属性值 2;…属性 n:属性值 n;｝

下面通过例 2-15 对:nth-child(n)选择器和:nth-last-child(n)选择器进行讲解。

例 2-15   example2-15.html

```
1   <!DOCTYPE html>
2   <html>
3    <head>
4      <meta charset="UTF-8">
5      <title></title>
6      <style type="text/css">
7         *{ margin: 0px; padding: 0px;}
8         ul{ width: 200px;}
9         ul li{ list-style: none;
10            height: 30px;
11            line-height: 30px;
12            background-color: #f9cbbd;}
13        li:nth-child(2){background-color: #a6d1f6;}
14        li:nth-last-child(1){background-color: #7bee4e;}
15     </style>
16    </head>
17    <body>
18      <ul>
19        <li>中国教育最先进的学校</li>
20        <li>中国入境游市场规模保持稳步增长</li>
21        <li>谁的资金链断裂</li>
22        <li>Web 开发</li>
23        <li>春暖花开</li>
24      </ul>
25    </body>
26   </html>
```

保存并运行上述代码，效果如图 2-23 所示。本例第 13 行代码定义了 ul 元素的第二个子元素 li 的样式，背景色为蓝色；第 14 行代码定义了 ul 元素的最后一个子元素 li 的样式，背景色为绿色。

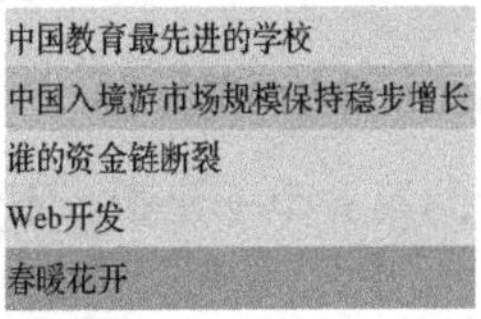

图 2-23   example2-15.html 运行效果

4. :nth-of-type(n)选择器和:nth-last-of-type(n)选择器

:nth-of-type(n)选择器用于定义某元素的特定类型的第 n 个子元素的样式。其语法格式如下。

子元素:nth-of-type(n) {属性 1:属性值 1;属性 2:属性值 2;…属性 n:属性值 n;}

:nth-last-of-type(n)选择器用于定义某元素的特定类型的第 n 个子元素的样式，从最后一个子元素开始计数。其语法格式如下。

| 语法格式 | 子元素:nth-last-of-type(n)｛属性 1:属性值 1;属性 2:属性值 2;…属性 n:属性值 n;｝|

下面通过例 2-16 对:nth-of-type(n)选择器和:nth-last-of-type(n)选择器进行讲解。

例 2-16　example2-16.html

```
1   <!DOCTYPE html>
2   <html>
3   <head>
4       <meta charset="UTF-8">
5       <title></title>
6       <style type="text/css">
7           div{ width: 200px;}
8           p,h4{ background-color: #a6f4dd;}
9           p:nth-of-type(2){ background-color: #FA7103;}
10          p:nth-last-of-type(3){ background-color: #71FA03;}
11      </style>
12  </head>
13  <body>
14      <div>
15          <p>中国教育最先进的学校</p>
16          <p>中国入境游市场规模保持稳步增长</p>
17          <p>谁的资金链断裂</p>
18          <h4>我是标题标记</h4>
19          <p>我是段落标记</p>
20          <p>我也是段落标记</p>
21      </div>
22  </body>
23  </html>
```

保存并运行上述代码，效果如图 2-24 所示。本例第 9 行代码定义了第二个元素 p 的样式，背景色为橘色，第 10 行代码定义了倒数第三个元素 p 的样式，背景色为绿色，即跳过元素 h4 倒数第三个元素 p，如果将第 10 行代码中的:nth-last-of-type(3)替换成:nth-last-child(3)，则倒数第三个元素 p 的背景不改变颜色，因为:nth-last-child(n)选择器不管元素的类型，倒数第三个子元素不是 p 而是 h4。

图 2-24 example2-16.html 运行效果

注意： 我们采用:nth-child(odd)定义奇数行元素的样式，采用:nth-child(even)定义偶数行元素的样式。

5. :target 选择器

:target 选择器是 CSS3 新增的选择器。:target 选择器用于定义当前活动的目标元素的样式。只有用户单击了页面中的超链接，:target 选择器所定义的样式才会起作用。下面通过例 2-17 对:target 选择器进行讲解。

例 2-17　example2-17.html

```
1   <!DOCTYPE html>
2   <html>
3     <head>
4       <meta charset="UTF-8">
5       <title></title>
6       <style type="text/css">
7         div{width: 200px; height: 200px;    background-color: aqua;}
8         .nn:target{background-color: red;}
9       </style>
10    </head>
11    <body>
12      <div id="mm" class="nn">
13      </div>
14      <a href="#mm">1</a>
15    </body>
16  </html>
```

保存并运行上述代码，默认效果如图 2-25 所示，当单击"1"时，效果如图 2-26 所示。本例第 12 行代码定义了超链接锚点，锚点名为 mm，第 8 行代码用于将 class 选择器，即类选择器是 nn 的 <div> 标记的背景色定义为红色。默认状态下 <div> 标记的背景色为蓝色，只有当单击"1"时，才会触发:target 选择器，从而使 <div> 标记的背景色变为红色。

图 2-25　默认效果

图 2-26　单击"1"时的效果

2.2.7　CSS 的层叠性与继承性

1. 层叠性

层叠是指在 HTML 文档中对同一个元素可以有多个 CSS 样式存在，当有相同权重的样式存在时，系统会根据这些 CSS 样式的前后顺序进行判断，处于最后面的 CSS 样式会被应用。下面通过例 2-18 对层叠进行讲解。

例 2-18　example2-18.html

```
1   <!DOCTYPE html>
2   <html>
3     <head>
4       <meta charset="UTF-8">
5       <title></title>
6       <style type="text/css">
7           p{ color: #71FA03;}
8       </style>
9     </head>
10    <body>
11      <p style=" color: #FA7103;">中国教育最先进的学校</p>
12    </body>
13  </html>
```

保存并运行上述代码，效果如图 2-27 所示。本例中的文本颜色为橘色，层叠性很好理解，即第 11 行代码中元素 p 定义的样式覆盖了第 7 行代码中元素 p 定义的样式。

中国教育最先进的学校

图 2-27　example2-18.html 运行效果

2. 继承性

继承是一种规则，它允许样式不仅可以应用于某个特定的 HTML 元素，而且可以应用于其后代。下面通过例 2-19 对继承进行讲解。

例 2-19　example2-19.html

```
1   <!DOCTYPE html>
2   <html>
3     <head>
4       <meta charset="UTF-8">
5       <title></title>
6       <style type="text/css">
7           body{ font-size: 16px; color: #FA7103;}
8       </style>
9     </head>
10    <body>
11      <h1>高校教育</h1>
12      <p>中国教育最先进的学校</p>
13    </body>
14  </html>
```

保存并运行上述代码，效果如图 2-28 所示。本例中第 7 行代码定义了主体元素 body 的文本颜色为橘色，那么其他嵌套在主体元素 body 中的所有元素的文本颜色也都是橘色。同理，主体元素 body 中的所有元素的文字大小也都是 16px，但是标题元素 h1 至 h6 除外，因为标题元素有默认的字号，默认的字号将覆盖继承的字号。

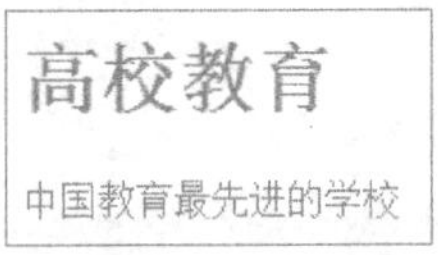

高校教育

中国教育最先进的学校

图 2-28　example2-19.html 运行效果

注意：字体、字号、颜色、行距等可以在主体元素 body 中统一定义，然后通过继承性来影响 HTML 文档的所有文本。但并不是所有的 CSS 属性都可以继承，如边框属性、内外边距属性、背景属性、定位属性、布局属性、宽高属性等就不具有继承性。

2.2.8　CSS 的优先级

在定义 CSS 样式时，经常会出现两个或者更多的规则应用在同一个元素上，这时就会出现哪一个规则优先显示的问题。

优先级就是分配给指定的 CSS 声明的一个权重，它由匹配的选择器中的每种选择器类型的数值决定。而当优先级与多个 CSS 声明中任意一个声明的优先级相等时，CSS 中最后的那个声明将会被应用到元素上。

当同一个元素有多个声明时，优先级才有意义。因为每一个直接作用于元素的 CSS 规则总是会接管或覆盖该元素从祖先元素继承而来的规则。

优先级关系如下。

行内样式（权值大于 100）> id 选择器（权值 100）>class 选择器（权值 10）=属性选择器=结构化伪类选择器>标记选择器（权值 1）=伪元素选择器

下面通过例 2-20 对优先级进行讲解。

例 2-20　example2-20.html

```
1   <!DOCTYPE html>
2   <html>
3     <head>
4       <meta charset="UTF-8">
5       <title></title>
6       <style type="text/css">
7         p{color: aqua;}
8         #red{color:red ;}
9         .green{color: green;}
10      </style>
11    </head>
12    <body>
13      <p id="red" class="green">猜猜我是什么颜色的?</p>
14    </body>
15  </html>
```

保存并运行上述代码，效果如图 2-29 所示。

猜猜我是什么颜色的?

图 2-29　example2-20.html 运行效果

由多个基础选择器构成的复合选择器（并集选择器除外），其权值为这些基础选择器权值的和。例如，CSS 代码为 p .red em{color:red;}，其权值为 1+10+1=12。

注意：

① 选择器的权值不能进位，比如，一个由 11 个类选择器组成的选择器和一个由一个 id 选择器组成的选择器指向同一个标记，按理说 110 > 100，应该应用前者的样式，然而事实是应用后者的样式。错误的原因是：选择器的权值不能进位。还是拿刚刚的例子来说明。由 11 个类选择器组成的选择器的总权值为 110，但因为 11 个选择器均为类选择器，所以其总权值最多不能超过 100，可以理解为 99.99，所以最终应用后者的样式。

② 当在一个样式声明中使用!important 规则时，此声明将覆盖任何其他声明。虽然，从技术上讲，!important 与优先级无关，但它与最终的结果直接相关。使用!important 是一个不好的习惯，应该尽量避免，因为其破坏了样式表中固有的级联规则，使得调试找 Bug 变得更加困难。当两条相互冲突的带有!important 规则的声明被应用到相同的元素上时有更高优先级的声明将会被采用。

2.2.9　字体样式属性与文本样式属性

一个简洁、清晰的网页设计会使用户有更好的体验，文字是传递信息的主要手段，所以字体和文本的设置十分重要。

1. 字体样式属性

字体样式属性主要用于设置文本的外观，包括字体、字号、风格、粗细、颜色等。

（1）字体（font-family）

font-family 属性可以实现文本的字体设置，如宋体、黑体、微软雅黑等。在显示字体时，如果指定一种特殊字体类型，而在浏览器或操作系统中该类型不能正确获取，则可以使用 font-family 预设多种字体类型，每种字体类型之间用空格隔开。如果前面的字体类型不能正确显示，则系统将会选择后一种字体类型；如果这些字体都没有安装，则使用浏览器默认字体，如下面的代码。

```
p{ font-family:arial "微软雅黑" "华文彩云";}
```

当应用上述代码的字体样式时，会首选 arial，如果用户的计算机中没有安装该字体，则会选择"微软雅黑"；如果也没有安装"微软雅黑"，则会选择"华文彩云"；如果也没有安装"华文彩云"，则会使用浏览器默认字体。需要注意的是，中文字体需要加英文状态下的引号，英文字体一般不需要加引号。

（2）字号（font-size）

font-size 属性可以实现文本的字号设置，如下面的代码。

```
p{ font-size:32px;}
```

上述代码设置了段落元素 p 的文本字号为 32px。一般使用 px（像素）和 em（相对大小）作为字号的单位，em 是一个相对值，类似于倍数关系，这里的相对所指的是相对于父元素的 font-size，例如，在 p 元素中设置 font-size:32px，在该元素中嵌套 strong 元素，将该子元素 strong 的字号设置为 font-size:0.5em，则此时的子元素 strong 的字号是 32×0.5=16px。em 广泛应用于响应式 Web 开发中。

（3）风格（font-style）

font-style 属性可以实现文本的风格设置，即字体的显示样式，如下面的代码。

p{ font-style:italic;}

上述代码设置了段落元素 p 的文本风格为斜体字体样式。font-style 属性的属性值有 normal（默认值，标准的字体样式）、italic（斜体字体样式）、oblique（倾斜的字体样式）、inherit（从父元素继承字体样式）等。

（4）粗细（font-weight）

font-weight 属性可以实现文本的粗细设置，如下面的代码。

p{ font-weight:bolder;}

上述代码设置了段落元素 p 的文本加粗。font-weight 属性的属性值有 normal（默认值，标准的文本）、bold（粗体文本）、bolder（更粗的文本）、lighter（更细的文本）等，也可以通过设置数值的方式设置文本加粗样式，取值范围为 100~900，值越大，加粗的程度越高。其中，数值 400 的文本的粗度等同于标准文本 normal 的粗度；数值 700 的文本的粗度等同于粗体文本 bold 的粗度。

（5）颜色（color）

color 属性可以实现文本颜色的设置，如下面的代码。

p{ color:#00000;}

上述代码设置了段落元素 p 的文本颜色为黑色。color 属性的属性值可以是颜色名称、RGB 值或者十六进制数，其默认值取决于浏览器。

（6）综合设置字体样式（font）

font 属性用于综合设置字体的样式，语法格式如下。

选择器{font:font-style font-weight font-size/line-height font-family;}

使用 font 属性时必须按照以上语法格式的顺序书写，各个属性值用空格隔开，如以下的代码。

p{
    font-family:arial "微软雅黑" "华文彩云";
    font-size: 32px;
    font-style: italic;
    font-weight: bolder;
}

上述代码等同于 p{font:italic bolder 32px arial "微软雅黑" "华文彩云";}，其中不需要设置的属性可以省略，但必须保留 font-size 属性和 font-family 属性，否则 font 属性不起作用。

（7）定义服务器字体（@font-face）

@font-face 属性是 CSS3 新增加的属性，用于定义服务器字体，即通过@font-face 属性，开发者可以在计算机未安装字体时，使用任何字体。其语法格式如下。

@font-face{ font-family:字体名称;src:字体路径;}

需要注意的是，在使用@font-face 属性前，要将想要使用的字体文件存储到服务器站点。下面通过例 2-21 对@font-face 属性进行讲解。

例 2-21　example2-21.html

将段落元素 p 的字体样式显示为卡通字体。

使用服务器字体——"卡通字体"的操作步骤如下。

① 将下载的迷你简卡通字体文件存储到站点文件夹 font 中。

② 使用@font-face 属性定义字体。

③ 对段落元素 p 应用"font-family"字体样式。

代码如下。

```
1   <!DOCTYPE html>
2   <html>
3   <head>
4       <meta charset="UTF-8">
5       <title></title>
6       <style type="text/css">
7       @font-face {
8           font-family:"迷你简卡通";
9           src: url(font/迷你简卡通.TTF)
10      }
11      p{ font-family:"迷你简卡通";}
12      </style>
13  </head>
14  <body>
15      <p>我是卡通字体</p>
16  </body>
17  </html>
```

保存并运行上述代码，效果如图 2-30 所示。

我是卡通字体

图 2-30　example2-21.html 运行效果

2. 文本样式属性

文本样式属性主要用来对网页文本的样式进行控制，如控制文本的首行缩进、字符间距、行高、文本修饰、水平对齐、阴影效果、文本溢出等。

（1）首行缩进（text-indent）

text-indent 属性用于定义首行文本的缩进，其属性值可以是不同单位的数值，常用的单位是 em，em 是一个相对值，是字符大小的倍数。下面通过例 2-22 讲解利用 text-indent 属性设置文本首行缩进 2 个字符的方法。

例 2-22   example2-22.html

```
1   <!DOCTYPE html>
2   <html>
3     <head>
4       <meta charset="UTF-8">
5       <title></title>
6       <style type="text/css">
7         p{ text-indent: 2em;}
8       </style>
9     </head>
10    <body>
11      <p>我是段落文本。使用 text-indent 属性可以设置文本首行缩进，与 Word 文档中设置段落文本首行缩
12         进的方法相似。</p>
13    </body>
14  </html>
```

保存并运行上述代码，效果如图 2-31 所示。

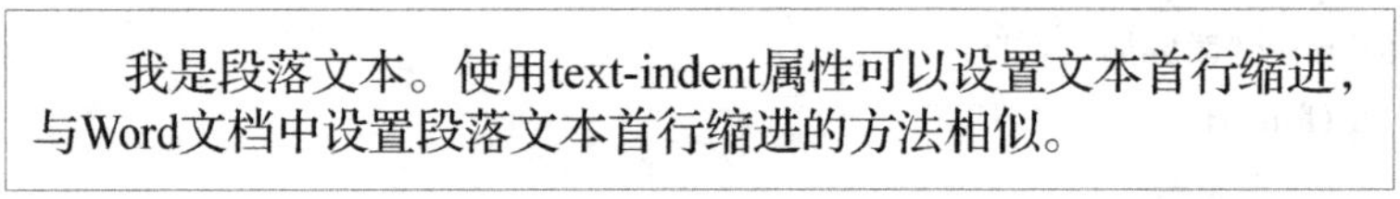

> 我是段落文本。使用text-indent属性可以设置文本首行缩进，
> 与Word文档中设置段落文本首行缩进的方法相似。

图 2-31   example2-22.html 运行效果

（2）字符间距（letter-spacing）

letter-spacing 属性用于定义字符或字母之间的间隔，其属性值可以为负，取正值时字符间距会增大，取负值时字符间距会减小，默认值为 0。下面通过例 2-23 讲解利用 letter-spacing 属性设置字符间距为 20px 的方法。

例 2-23   example2-23.html

```
1   <!DOCTYPE html>
2   <html>
3     <head>
4       <meta charset="UTF-8">
5       <title></title>
6       <style type="text/css">
7         p{ letter-spacing:20px ;}
8       </style>
9     </head>
10    <body>
11      <p>我是段落文本</p>
12    </body>
13  </html>
```

保存并运行上述代码，效果如图 2-32 所示。

|我 是 段 落 文 本|

图 2-32　example2-23.html 运行效果

（3）行高（line-height）

line-height 属性用于定义行的高度，也就是行与行之间的距离，其属性值的单位可以是 px、em 和%。通常我们用 line-height 属性设置文本垂直居中对齐。下面通过例 2-24 讲解利用 line-height 属性设置列表行高为 30px 的方法。

例 2-24　example2-24.html

```
1   <!DOCTYPE html>
2   <html>
3     <head>
4       <meta charset="UTF-8">
5       <title></title>
6       <style type="text/css">
7         ul{ width:200px ;}
8         ul li{list-style: none ; line-height: 30px; border: #FA7103 1px solid;}
9       </style>
10    </head>
11    <body>
12      <ul>
13        <li>中国教育最先进的学校</li>
14        <li>中国入境游市场规模保持稳步增长</li>
15        <li>谁的资金链断裂</li>
16        <li>Web 开发</li>
17        <li>春暖花开</li>
18      </ul>
19    </body>
20  </html>
```

保存并运行上述代码，效果如图 2-33 所示。

| 中国教育最先进的学校 |
| 中国入境游市场规模保持稳步增长 |
| 谁的资金链断裂 |
| Web开发 |
| 春暖花开 |

图 2-33　example2-24.html 运行效果

（4）文本修饰（text-decoration）

text-decoration 属性用于定义文本是否有下画线、上画线、删除线等，其属性值可以是 none（没有修饰，默认值）、underline（下画线）、overline（上画线）和 line-through（删除线）。通常我们用 text-decoration 属性设置超链接文本的下画线效果。下面通过例 2-25 讲解利用 text-decoration 属性设置超链接文本无下画线效果的方法。

例 2-25　example2-25.html

```
1   <!DOCTYPE html>
2   <html>
3    <head>
4       <meta charset="UTF-8">
5       <title></title>
6       <style type="text/css">
7           a{ text-decoration: none;}
8       </style>
9    </head>
10   <body>
11       <a href="#">我是超链接，我没有下画线</a>
12   </body>
13  </html>
```

保存并运行上述代码，效果如图 2-34 所示。

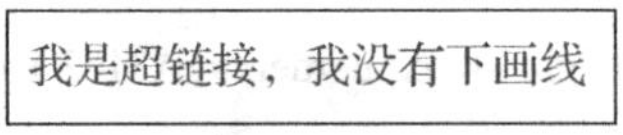

我是超链接，我没有下画线

图 2-34　example2-25.html 运行效果

（5）水平对齐（text-align）

text-align 属性用于定义文本的水平对齐，其属性值可以是 left（左对齐，默认值）、center（居中对齐）和 right（右对齐）。例如，设置段落元素 p 的文本水平居中对齐，代码如下。

p{text-align:center;}

（6）阴影效果（text-shadow）

text-shadow 属性用于定义文本的阴影效果，语法格式如下。

选择器{text-shadow:水平偏移位置　垂直偏移位置　模糊半径　阴影颜色;}

上述语法格式中水平偏移位置、垂直偏移位置和模糊半径的取值单位为 px。水平偏移位置取正值表示偏右，取负值表示偏左；垂直偏移位置取正值表示偏上，取负值表示偏下。其中，模糊半径和阴影颜色为可选项，而水平偏移位置、垂直偏移位置为必填项。下面通过例 2-26 讲解利用 text-shadow 属性设置文本阴影效果的方法。

例 2-26　example2-26.html

```
1   <!DOCTYPE html>
2   <html>
3    <head>
4       <meta charset="UTF-8">
5       <title></title>
6       <style type="text/css">
7           p{text-shadow: 5px 10px 2px mediumvioletred;}
```

```
8        </style>
9    </head>
10   <body>
11       <p>文本阴影</p>
12   </body>
13   </html>
```

保存并运行上述代码,效果如图 2-35 所示。

图 2-35　example2-26.html 运行效果

(7) 文本溢出（text-overflow）

text-overflow 属性用于定义当文本溢出包含文本时发生的效果,其属性值有 clip(修剪溢出文本,不显示省略号）和 ellipsis（修剪溢出文本,显示省略号）,其语法格式如下。

选择器{text-overflow:属性值;}

需要注意的是,text-overflow 属性仅用于注解当文本溢出时是否显示省略标记,并不具备其他的样式属性定义功能。我们想要实现文本溢出时产生省略号的效果,还必须定义:强制文本在一行内显示（white-space:nowrap）及溢出内容为隐藏（overflow:hidden）。只有这样才能实现溢出文本显示省略号的效果。

下面通过例 2-27 讲解利用 text-overflow 属性设置文本溢出效果的方法。

例 2-27　example2-27.html

```
1    <!DOCTYPE html>
2    <html>
3    <head>
4        <meta charset="UTF-8">
5        <title></title>
6        <style type="text/css">
7            p{width: 200px;
8            height: 50px;
9            border: 1px solid #FA7103;
10           white-space:nowrap;
11           overflow:hidden;
12           text-overflow: ellipsis;}
13       </style>
14   </head>
15   <body>
16       <p>text-overflow 属性仅用于注解当文本溢出时是否显示省略标记,并不具备其他的样式属性定义功能。
17       我们想要实现文本溢出时产生省略号的效果,还必须定义:强制文本在一行内显示（white-space:nowrap）
18       及溢出内容为隐藏（overflow:hidden）。只有这样才能实现溢出文本显示省略号的效果。</p>
```

```
19    </body>
20  </html>
```

保存并运行上述代码，效果如图 2-36 所示。

> text-overflow属性仅用于注解…

图 2-36   example2-27.html 运行效果

2.3 项目分析

2.3.1 页面结构分析

页面结构如图 2-37 所示。

图 2-37   页面结构

通过观察图 2-37，我们发现页面的主体结构由标题、导航栏和主体内容三个版块组成。
- 标题：使用<h1>标记定义标题。
- 导航栏：使用 HTML 结构标记<nav>布局导航栏，其中，嵌套超链接标记<a>，用于搭建导航栏结构。
- 主体内容：使用定义列表标记<dl><dt><dd>定义主体内容，并为导航栏和主体内容设置锚点超链接。

2.3.2 样式分析

- 头部：定义标题水平居中显示。
- 导航栏：定义导航栏水平居中显示，定义超链接标记<a>默认、访问前后和鼠标指针悬停时的样式。
- 主体内容：统一设置主体内容部分字体的样式，并将主体内容部分的显示状态设置为隐藏，文本前的小图标通过伪元素选择器:before 进行定义，奇数行文本的颜色通过:nth-child(odd)进行定义，最后通过:target 选择器将链接到的内容设置为显示。

2.4 项目实践

2.4.1 制作页面结构

▶ 1. 制作标题

```
1  <h1>化妆品展示列表</h1>
```

▶ 2. 制作导航栏

```
1  <hr/>
2  <nav>
3      <a href="#show1" class="one">阿玛尼</a>
4      <a href="#show2" class="two">雅诗兰黛</a>
5      <a href="#show3" class="two">香奈儿</a>
6      <a href="#show4" class="two">兰蔻</a>
7  </nav>
8  <hr>
```

▶ 3. 制作主体内容

```
1   <dl id="show1">
2       <dd>阿玛尼（Armani）是世界知名奢侈品牌。</dd>
3       <dd>阿玛尼公司除了经营服装，还经营领带、眼镜、丝巾、皮革用品、香水、家居用品等。</dd>
4   </dl>
5   <dl id="show2">
6       <dt><img src="img/est.jpg"></dt>
7       <dd>雅诗兰黛欢沁淡香熏既轻快又优雅，带给人一种清新的感觉。</dd>
8       <dd>雅诗兰黛产品采用轻便的材料，适合女士随身携带。</dd>
9       <dd>雅诗兰黛产品秉承优质水准的保证，带给广大的消费者一种温和有效的护肤方式。</dd>
10      <dd>雅诗兰黛公司旗下还有其他分支品牌，比如，倩碧、阿拉米斯等。</dd>
11  </dl>
12  <dl id="show3">
13      <dt><img src="img/la.jpg"></dt>
14      <dd>CHANEL（香奈儿）是一个有着80多年历史的著名品牌，香奈儿时装永远保持着高雅、简洁、精美
15          的风格。
16      </dd>
17      <dd>香奈儿代表的是一种风格，一种历久弥新的独特风格。</dd>
18  </dl>
19  <dl id="show4">
20      <dt><img src="img/lancome.jpg"></dt>
21      <dd>细腻、优雅、气质、非凡魅力</dd>
22      <dd>对于唯美玫瑰，兰蔻总是象征浪漫经典的那一支。</dd>
23      <dd>对于可爱女人，兰蔻愿意为你创造无限可能的美丽新世界。</dd>
24  </dl>
```

2.4.2 定义 CSS 样式

1. 定义全局样式

```
body{font-family:"微软雅黑";}
h1,nav{ text-align: center;}
```

2. 定义导航栏的样式

```
hr{width:500px; height:3px ; background-color: #FA7103; border: 0px;}
a{
    font-size:22px;
    color:#5E2D00;}
a:link,a:visited{text-decoration:none;}
a:hover{
    text-decoration:underline;
    color:#fa7103;}
```

3. 定义主体内容的样式

```
dl{display:none;} /*隐藏链接的内容*/
dd{
    line-height:38px;
    font-size:22px;
    font-family:"微软雅黑";
    color:#333;}
dd:before{content:url(img/tb.gif);}/*添加图标*/
dd:nth-child(odd){color:#71fa03;}
:target{display:block; text-align: center;}/*显示链接的内容*/
```

由于主体内容在页面加载完成时不显示，因此，要将主体内容的显示状态设置为隐藏，但当选择导航栏选项时，主体内容显示，因此，要通过:target 选择器将链接内容设置为显示。

2.5 项目总结

通过本项目的学习，读者能够理解 CSS 相关基础知识，学会 CSS 基础选择器和 CSS3 新增选择器的使用方法，掌握 CSS 的层叠性、继承性和优先级。

项目 3　制作电商主播排行榜页面

3.1　项目描述

本项目将运用盒模型、盒模型相关属性、背景属性及渐变属性制作电商主播排行榜页面。本项目也将带读者回顾 CSS3 选择器的相关知识。项目效果如图 3-1 所示。

图 3-1　项目效果

3.2　前导知识

3.2.1　初识盒模型

1. 认识盒模型

所谓盒模型，就是一个盛装内容的盒子，盒子的宽度、高度、边框，以及与其他盒子的距离都可以通过盒模型的属性进行定义。在浏览器看来，网页就是多个盒模型互相嵌套排列的结果。盒模型可以将网页分割为独立的、不同的部分，以实现网页的布局。

盒模型完全可以理解成现实生活中的盒子，我们想一下，生活中盒子的内部是不是用来存放东西的？里面存放东西的区域我们称为 "content"（内容），而将盒子的盒子外框的厚度称为 "border"（边框），比如，盒子内部的东西是一块移动硬盘，但是移动硬盘怕震动，所以我们需要在盒子内部的四周均匀填充一些防震材料，这时移动硬盘和盒子的外框就有了一定的距离，我们称这部分距离为 "padding"（内边距），如果我们需要购买许多块移动硬盘，还需要在盒子和盒子之间填充些防震材料，那么盒子和盒子之间的距离我们称为 "margin"（外边距），如图 3-2 和图 3-3 所示。

图 3-2　移动硬盘盒子的构成

图 3-3　多个移动硬盘盒子的构成

根据以上内容，即可得出盒模型的四要素，分别是 content（内容）、border（边框）、padding（内边距）和 margin（外边距），如图 3-4 所示。

图 3-4　盒模型的四要素

下面通过例 3-1 对盒模型及盒模型的四要素进行讲解。

例 3-1　example3-1.html

```
1   <!DOCTYPE html>
2   <html>
3   <head>
4       <meta charset="UTF-8">
5       <title>认识盒模型及盒模型的四要素</title>
6       <style type="text/css">
7           div{width: 200px;
8           height: 100px;
9           border: 1px solid #fea700;
10          margin: 20px;
11          padding: 10px;}
12      </style>
13  </head>
14  <body>
15      <div>
16          我是第一个盒子
17      </div>
18  </body>
19  </html>
```

保存并运行上述代码，效果如图 3-5 所示。本例中的 div 元素是一个块元素，是最常用的盒模型，大多数的 HTML 元素都可以嵌套在其中。

图 3-5　example3-1.html 运行效果

2. 盒模型的宽和高

在利用 CSS 设置盒模型样式的时候，设置的 width 属性和 height 属性并不是盒模型本身的宽和高，而是盒模型盛装的内容的宽和高。

盒模型的宽=左外边距+左边框+左内边距+width+右内边距+右边框+右外边距

盒模型的高=上外边距+上边框+上内边距+height+下内边距+下边框+下外边距

对例 3-1 中盒模型的宽和高进行计算，可知盒模型的宽为 262px，盒模型的高为 162px。需要注意的是，width 属性和 height 属性仅适用于块元素，对行内元素无效（img 元素和 input 元素除外）。

3.2.2　边框属性

CSS 边框属性包括 border-width、border-style 和 border-color。CSS3 中还增加了 border-radius 和 border-image。

1. border-width 属性

border-width 属性用于设置指定边框的宽度,基本语法格式如下。

border-width:上 右 下 左;

在上面的语法格式中,border-width 属性的常用取值单位为 px,属性值可以为 1~4 个,即一个值为四边,两个值为上下/左右,三个值为上/左右/下,四个值为上/右/下/左,必须按照顺时针方向设置。

2. border-style 属性

border-style 属性用于设置指定边框的样式,基本语法格式如下。

border-style:上 右 下 左;

在上面的语法格式中,border-style 属性的常用属性值有 4 个,分别是 solid(边框为单实线)、dashed(边框为虚线)、dotted(边框为点线)、double(边框为双实线)。属性值可以为 1~4 个,即一个值为四边,两个值为上下/左右,三个值为上/左右/下,四个值为上/右/下/左,必须按照顺时针方向设置。

3. border-color 属性

border-color 属性用于设置指定边框的颜色,基本语法格式如下。

border-color:上 右 下 左;

在上面的语法格式中,border-color 属性的常用属性值为预定义的颜色值、十六进制值(常用)或 RGB 代码。属性值可以为 1~4 个,即一个值为四边,两个值为上下/左右,三个值为上/左右/下,四个值为上/右/下/左,必须按照顺时针方向设置。下面通过例 3-2 对盒模型边框属性进行讲解。

例 3-2　example3-2.html

```
1   <!DOCTYPE html>
2   <html>
3     <head>
4       <meta charset="UTF-8">
5       <title>盒模型边框属性</title>
6       <style type="text/css">
7         div{width: 200px;
8         height: 100px;
9         border-style: solid;
10        border-width: 1px 2px 3px 4px;
11        border-color:#ff9600;}
12      </style>
13    </head>
14    <body>
15      <div>
16        我是第一个盒子,看看我的边框属性。
```

```
17      </div>
18    </body>
19  </html>
```

保存并运行上述代码，效果如图 3-6 所示。本例中四条边框的样式均为单实线，颜色均为橘色，上边框宽度为 1px，下边框宽度为 3px，左边框宽度为 4px，右边框宽度为 2px。需要注意的是，border-style 属性、border-width 属性和 border-color 属性的设置无先后顺序，且 border-style 属性不可缺少。

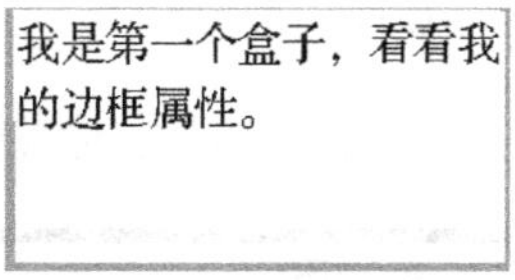

图 3-6   example3-2.html 运行效果

▶ 4. border 属性

虽然使用 border-style 属性、border-width 属性和 border-color 属性可以设置指定边框的样式、宽度和颜色，但是编写的代码较为烦琐，为此，CSS 为边框设置提供了更为简单的属性：border。其语法格式如下。

border:宽度 样式 颜色;

在上述语法格式中，宽度、样式和颜色无先后顺序。另外，若想单独设置某一侧的边框，则可以使用单侧边框的综合属性进行设置。单侧边框的综合属性包括 border-top（上边框综合属性）、border-right（右边框综合属性）、border-bottom（下边框综合属性）、border-left（左边框综合属性）。下面通过例 3-3 对 border 属性进行讲解。

例 3-3   example3-3.html

```
1   <!DOCTYPE html>
2   <html>
3     <head>
4       <meta charset="UTF-8">
5       <title>border 属性</title>
6       <style type="text/css">
7           div{width: 200px;
8           height: 100px;
9           border-top: 1px solid red;
10          border-left: 5px dotted green;
11          border-right: 10px double blue;
12          border-bottom: 5px solid black;}
13      </style>
14    </head>
15    <body>
16      <div>
17          我是第一个盒子，看看我的 border 属性。
18      </div>
```

19	`</body>`
20	`</html>`

保存并运行上述代码，效果如图 3-7 所示。在本例中，上边框是宽度为 1px 的红色单实线，左边框是宽度为 5px 的绿色点线，右边框是宽度为 10px 的蓝色双实线，下边框是宽度为 5px 的黑色单实线。

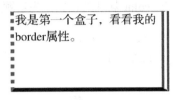

图 3-7　example3-3.html 运行效果

5. border-radius 属性

在网页设计中，设计者有时需要将盒模型设置成圆角边框，CSS3 提供的 border-radius 属性可以将直角边框设置成圆角边框。其语法格式如下。

　border-radius:属性值 1/属性值 2;

在上述语法格式中，属性值 1 和属性值 2 的取值单位均为 px 或百分比，属性值 1 表示圆角的水平半径，属性值 2 表示圆角的垂直半径，属性值 1 与属性值 2 之间用"/"隔开。下面通过例 3-4 对 border-radius 属性进行讲解。

例 3-4　example3-4.html

1	`<!DOCTYPE html>`
2	`<html>`
3	`  <head>`
4	`    <meta charset="UTF-8">`
5	`    <title>border-radius 属性</title>`
6	`    <style type="text/css">`
7	`      div{width: 200px;`
8	`      height: 200px;`
9	`      padding: 50px;`
10	`      border: 5px solid red;`
11	`      border-radius: 100px/50px;}`
12	`    </style>`
13	`  </head>`
14	`  <body>`
15	`    <div>`
16	`      我是第一个盒子。`
17	`    </div>`
18	`  </body>`
19	`</html>`

保存并运行上述代码，效果如图 3-8 所示。在本例中，4 条边框均是宽度为 5px 的红色单实线，

圆角的水平半径是 100px，垂直半径是 50px。

在使用 border-radius 属性时，如果将属性值 2 省略，则会默认为属性值 1。在例 3-4 的基础上将 border-radius 属性的属性值设置为 100px，CSS 代码如下。

```
border-radius: 100px;                    /*未设置属性值 2*/
```

保存并刷新页面，效果如图 3-9 所示。

图 3-8　example3-4.html 运行效果　　　图 3-9　未设置"属性值 2"的圆角边框

从图 3-9 中可以看出，圆角边框的四角弧度大小相同，而有时我们也需要将圆角边框的四角弧度设置成不同大小，这时就要按照如下的语法格式书写。

border-radius:上 右 下 左/上 右 下 左;

下面通过例 3-5 对 border-radius 属性进行进一步讲解。

例 3-5　example3-5.html

```
1   <!DOCTYPE html>
2   <html>
3       <head>
4           <meta charset="UTF-8">
5           <title>border-radius 属性</title>
6           <style type="text/css">
7               div{width: 200px;
8                   height: 100px;
9                   padding: 50px;
10                  border: 5px solid red;
11                  border-radius: 20px 20px 0px 0px/20px 20px 0px 0px;}
12          </style>
13      </head>
14      <body>
15          <div>
16              我是第一个盒子。
17          </div>
18      </body>
19  </html>
```

保存并运行上述代码，效果如图 3-10 所示。在本例中，上、右圆角边框的水平半径和垂直半径均为 20px，下、左圆角边框的水平半径和垂直半径均为 0px。

在例 3-5 的基础上将 border-radius 属性的属性值设置为 20px 0px/30px 0px，CSS 代码如下。

border-radius: 20px 0px/30px 0px;

保存并刷新页面，效果如图 3-11 所示。从图 3-11 中可以看出，圆角边框的上、下水平半径为 20px，左、右水平半径为 0px，上、下垂直半径为 30px，左、右垂直半径为 0px。

在例 3-5 的基础上将 border-radius 属性的属性值设置为 20px 30px 0px/30px 40px 0px，CSS 代码如下。

border-radius: 20px 30px 0px/30px 40px 0px;

保存并刷新页面，效果如图 3-12 所示。从图 3-12 中可以看出，圆角边框的上水平半径为 20px，左、右水平半径为 30px，下水平半径为 0px，上垂直半径为 30px，左、右垂直半径为 40px，下垂直半径为 0px。

图 3-10　圆角边框四角弧度大小不同　　　图 3-11　2 个属性值的圆角边框　　　图 3-12　3 个属性值的圆角边框

6. border-image 属性

在网页设计中，有时需要将边框的背景设置为图片，CSS3 提供的 border-image 属性可以实现这种效果。border-image 属性是一个简写属性，用于设置 border-image-source、border-image-slice、border-image-width、border-image-outset、border-image-repeat 等属性。

① border-image-source 属性用于指定图片的路径。

② border-image-slice 属性用于将作为边框图像的图片切割为 9 部分：4 个角部块、4 个边部块和一个中心块，如图 3-13 所示。通过 border-image-slice 属性，边框图片会被 4 条分隔线分成 9 部分，4 条分隔线分别从上、右、下、左 4 条边向图像内部进行偏移，具体偏移多少由 border-image-slice 属性的属性值来决定。偏移的值可以是像素值，也可以是百分比，4 个偏移值可以不同。

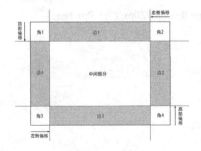

图 3-13　边框图片被裁切为 9 部分

如果为 border-image-slice 属性指定了 4 个偏移值，那么这些值会按上、右、下、左的顺序指定 4 条边的偏移值。

如果为 border-image-slice 属性指定了 3 个偏移值，那么第 1 个值指定顶部边的偏移值，第 2 个值指定左右两条边的偏移值，第三个值指定底部边的偏移值。

如果为 border-image-slice 属性指定了 2 个偏移值，那么第 1 个值指定顶部和底部两条边的偏移值，第 2 个值指定左右两条边的偏移值。

如果只为 border-image-slice 属性指定了 1 个偏移值，那么所有的边都使用这个值作为偏移值。

边框图像被切割的角部块会被放置到元素相应的边框角部位置。同样地，边部块会被放置到元素相应的边框边部位置，至于边部的边框图像如何重复平铺则通过 border-image-repeat 属性来指定。这些切片的大小和位置则分别由 border-image-width 属性和 border-image-outset 属性来指定。

除非在 border-image-slice 属性中指定 fill 关键字，否则中心块切片不会被使用。如果使用了 fill 关键字，那么中心块切片的图像会被作为元素的背景图像来使用。fill 关键字可以放置在 border-image-slice 属性值的任何位置，可以在值的前面、后面，甚至在两个值的中间。

使用 border-image-slice 属性设置偏移值之后，得到的切片可能会重叠。如果左侧切片的宽度加上右侧切片的宽度大于或等于边框图像的宽度，那么顶部、底部及中间部分的边框图像就会被置空，效果等同于为这些切片指定透明空白的背景图像。同理，如果顶部切片的高度加上底部切片的高度大于或等于边框图像的高度，那么左侧、右侧及中间部分的边框就会被置空。

border-image-width 属性用于指定边框的宽度，顺序为上、右、下、左。

border-image-outset 属性用于指定边框背景向盒子外部延伸的距离，如果边框的宽度小于 border-image-outset 属性的值，那么元素与图片填充之间会有大的间隙（border-image-outset 属性的值减去边框宽度）。

border-image-repeat 属性用于指定裁切后图片的填充方式，可选属性值包括 stretch、repeat、round，分别为拉伸、重复、平铺，默认值为 stretch，其或为单个值，指设置所有的边框；或为两个值，指分别设置水平与垂直的边框。把图片按照上面裁切的方式裁切之后，每部分的小图片就要按照对应的边框区域填充，在填充时，图片的四个角的图片不会改变，其余的图片会随着 border-image-repeat 属性设定的填充方式改变。下面通过例 3-6 对盒模型图片边框属性进行讲解。

例 3-6　example3-6.html

```
1   <!DOCTYPE html>
2   <html>
3    <head>
4        <meta charset="UTF-8">
5        <title>border-image 属性</title>
6        <style type="text/css">
7            div{width: 250px;
8               height: 250px;
9               background-color:red;
10              border-style: solid;
11              border-image-source:url(img/3.png) ;
```

```
12          border-image-slice:71;
13          border-width:50px ;
14          border-image-outset:0px;
15          border-image-repeat: repeat;}
16      </style>
17  </head>
18  <body>
19      <div>
20          我有图片边框。
21      </div>
22  </body>
23  </html>
```

　　保存并运行上述代码，效果如图 3-14 所示。在本例中，盒模型<div>标记的宽度和高度均为 250px，背景颜色为红色，从图 3-14 中可以看出，边框在盒模型<div>标记内部，但盒模型<div>标记的宽度和高度是从边框内部开始计算的。由于图像 3.png 的宽度和高度均为 213px，为了将盒模型<div>标记四个角的数字显示为 1、3、7、9 的图片，需要将 border-image-slice 属性的值设置为 213/3=71px。注意 border-image-slice 属性的属性值为具体的数值时，不写单位。border-width:50px 表示盒模型<div>标记的边框宽度为 50px，border-image-outset:0px 表示边框无偏移，border-image-repeat:repeat 表示图片上的数字 2、4、6、8 的图片重复，此处需要注意的是，由于盒模型<div>标记的宽度和高度均为 250px，而边框宽度为 50px，因此，在上边框处共显示 5（250÷50）个数字 2 的图片，同理，在右边框、下边框、左边框分别显示 5 个数字 6 的图片、5 个数字 8 的图片、5 个数字 4 的图片。

图 3-14　example3-6.html 运行效果

3.2.3　边距属性

　　CSS 的边距属性包括 margin 和 padding。

▶ **1．margin 属性**

　　margin 属性用于指定盒子的外边框与其他网页元素之间的距离，常用的取值单位为 px 或百分比。其语法格式如下。

margin:上边距 右边距 下边距 左边距;

下面通过例 3-7 对盒模型外边距属性进行讲解。

例 3-7　example3-7.html

```
1   <!DOCTYPE html>
2   <html>
3   <head>
4       <meta charset="UTF-8">
5       <title>margin 属性</title>
6       <style type="text/css">
7           div{width: 200px;
8           height: 200px;
9           border-style: solid;
10          margin:10px 20px 30px 40px;}
11      </style>
12  </head>
13  <body>
14      <div>
15          猜猜我的外边距是多少?
16      </div>
17  </body>
18  </html>
```

保存并运行上述代码,效果如图 3-15 所示。在本例中,外上边距为 10px,外下边距为 30px,外左边距为 40px,外右边距为 20px。

图 3-15　example3-7.html 运行效果

在例 3-7 的基础上将 margin 属性的属性值设置为 10px 20px 30px,CSS 代码如下。

margin:10px 20px 30px;

上述代码表示外上边距为 10px,外左、右边距为 20px,外下边距为 30px。

在例 3-7 的基础上将 margin 属性的属性值设置为 20px 30px,CSS 代码如下。

```
margin:20px 30px;
```
上述代码表示外上、下边距为 20px，外左、右边距为 30px。

在例 3-7 的基础上将 margin 属性的属性值设置为 20px，CSS 代码如下。

```
margin:20px;
```
上述代码表示外上、下、左、右边距均为 20px。

在例 3-7 的基础上将 margin 属性的属性值设置为 0px auto，CSS 代码如下。

```
margin:0px auto;
```
上述代码表示盒子与其他网页元素的上、下距离为 0px，左、右距离自动，即该盒子在其父元素内水平左右居中，在实际工作中常用这种方式进行网页的布局。

另外，根据上、下、左、右四个方向，可将外边距细分为上边距（margin-top）、下边距（margin-bottom）、左边距（margin-left）、右边距（margin-right）。

▶ 2. padding 属性

padding 属性用于指定盒子的内边框与其内容之间的距离，常用的取值单位为 px 或百分比。其语法格式如下。

padding:上边距 右边距 下边距 左边距;

下面通过例 3-8 对盒模型内边距属性进行讲解。

例 3-8   example3-8.html

```
1   <!DOCTYPE html>
2   <html>
3     <head>
4       <meta charset="UTF-8">
5       <title>padding 属性</title>
6       <style type="text/css">
7           div{width: 200px;
8           height: 200px;
9           border-style: solid;
10          padding:10px 20px 30px 40px;}
11      </style>
12    </head>
13    <body>
14      <div>
15          猜猜我的内边距是多少？
16      </div>
17    </body>
18  </html>
```

保存并运行上述代码，效果如图 3-16 所示。在本例中，内上边距为 10px，内下边距为 30px，内左边距为 40px，内右边距为 20px。

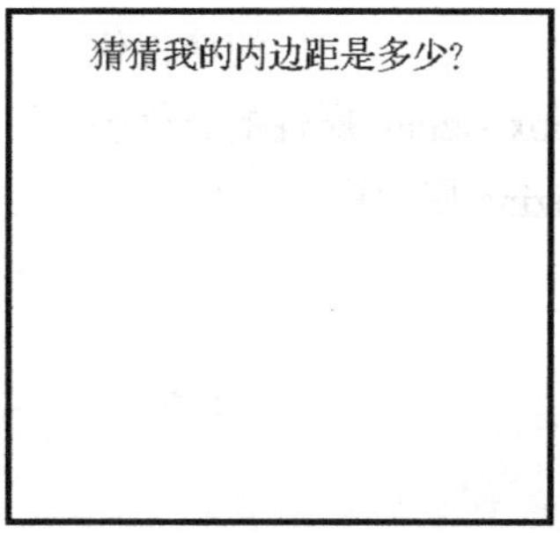

图 3-16 example3-8.html 运行效果

在例 3-8 的基础上将 padding 属性的属性值设置为 10px 20px 30px，CSS 代码如下。

padding:10px 20px 30px;

上述代码表示内上边距为 10px，内左、右边距为 20px，内下边距为 30px。

在例 3-8 的基础上将 padding 属性的属性值设置为 20px 30px，CSS 代码如下。

padding:20px 30px;

上述代码表示内上、下边距为 20px，内左、右边距为 30px。

在例 3-8 的基础上将 padding 属性的属性值设置为 20px，CSS 代码如下。

padding:20px;

上述代码表示内上、下、左、右边距均为 20px。

在例 3-8 的基础上将 padding 属性的属性值设置为 0px auto，CSS 代码如下。

padding:0px auto;

上述代码表示盒子的内边框与其内容之间的上、下距离为 0px，左、右距离自动，即该盒子内容在该盒子内水平左右居中，在实际工作中常用这种方式进行网页的布局。

另外，根据上、下、左、右四个方向，可将内边距细分为上边距（padding-top）、下边距（padding-bottom）、左边距（padding-left）和右边距（padding-right）。

在实际工作中，为了更方便地控制网页中的元素，在制作网页时，常使用如下代码清除某些元素（body 元素、h1 至 h6 元素、p 元素等）的默认内/外边距。

*{margin: 0px;   /*清除外边距*/
padding: 0px;}   /*清除内边距*/

3.2.4 box-sizing 属性

当一个盒子的总宽度确定之后，如果想给盒子添加边框或内边距，那么我们只有更改 width 属性的属性值，才能保证盒子的总宽度不变，这样的操作既烦琐又易出错，而 CSS3 中新增的 box-sizing 属性可以轻松地解决这个问题。box-sizing 属性用于定义盒子的 width 属性和 height 属性的属性值是否包含元素的内边距和边框，box-sizing 属性的属性值有 content-box（默认值）、border-box 和 inherit。

- content-box：在宽度和高度之外绘制元素的内边距和边框，即当定义 width 属性和 height 属性时，它们的属性值不包含边框和内边距的值。
- border-box：为元素指定的任何内边距和边框都将在已设定的宽度和高度内进行绘制，只有从已设定的 width 属性和 height 属性中分别减去边框和内边距的值才能得到内容的宽度和高度，即当定义 width 属性和 height 属性时，它们的属性值已经包含边框和内边距的值。
- inherit：规定从父元素继承 box-sizing 属性的属性值。

下面通过例 3-9 对盒模型 box-sizing 属性进行讲解。

例 3-9　example3-9.html

```
1  <!DOCTYPE html>
2  <html>
3   <head>
4     <meta charset="UTF-8">
5     <title>box-sizing 属性</title>
6     <style type="text/css">
7         body{background-color: #c7e8f6;}
8         .box{ width: 200px;
9         height: 100px;
10        background-color: darkorange;
11        border: 5px solid #000000;
12        padding-left: 30px;}
13        .box1{ box-sizing: content-box;}    /*盒子实际宽度为 200+30+5+5=240px*/
14        .box2{ box-sizing: border-box;}     /*盒子实际宽度为 200px*/
15    </style>
16   </head>
17   <body>
18     <div class="box box1">content-box</div>
19     <div class="box box2">border-box</div>
20   </body>
21  </html>
```

保存并运行上述代码，效果如图 3-17 所示。

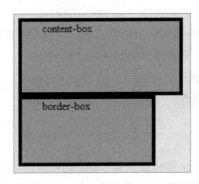

图 3-17　example3-9.html 运行效果

注意：IE、Opera 和 Chrome 浏览器支持 box-sizing 属性，而 Firefox 浏览器不支持该属性，但支持使用-moz-box-sizing 属性替代 box-sizing 属性。

3.2.5　阴影属性

在网页设计中，有时需要为盒子设置阴影效果，CSS3 提供了 box-shadow 属性，用于实现阴影效果。其语法格式如下。

box-shadow:像素值 1 像素值 2 像素值 3 像素值 4 颜色值 阴影类型;

上述语法格式中包含 6 个属性值，其中，像素值 1 为必填项，表示水平阴影位置；像素值 2 为必填项，表示垂直阴影位置；像素值 3 为可选项，表示阴影模糊半径；像素值 4 为可选项，表示阴影扩展半径；颜色值为可选项，表示阴影颜色；阴影类型为可选项，表示内阴影或外阴影。下面通过例 3-10 对盒模型阴影属性进行讲解。

例 3-10　example3-10.html

```
1   <!DOCTYPE html>
2   <html>
3       <head>
4           <meta charset="UTF-8">
5           <title>box-shadow 属性</title>
6           <style type="text/css">
7               div{width: 200px;
8               height: 200px;
9               border-style: solid;
10              box-shadow: 5px 5px 10px #000000;}
11          </style>
12      </head>
13      <body>
14          <div>
15              看看我的阴影效果。
16          </div>
17      </body>
18  </html>
```

保存并运行上述代码，效果如图 3-18 所示。

图 3-18　example3-10.html 运行效果

3.2.6　渐变属性

在网页设计中，有时需要添加渐变的效果，在 CSS3 之前通常通过设置背景图像的方法来实现，而 CSS3 提供了渐变属性，通过渐变属性能够轻松地实现在两个或多个指定的颜色之间显示平稳过渡的效果。CSS3 的渐变属性主要包括 linear-gradient 和 radial-gradient。

1. linear-gradient 属性

linear-gradient 属性用于设置图像的线性渐变效果。线性渐变是指沿着一条轴线改变颜色，从起点到终点颜色按照顺序进行渐变。其语法格式如下。

background-image:linear-gradient(渐变角度,颜色值 1 百分比数值 1,颜色值 2 百分比数值 2,...,颜色值 n 百分比数值 3);

上述语法格式中的渐变角度可不写，默认值为 to bottom（即 180%），用来指定渐变的方向，即水平线与渐变线之间的夹角，可以是具体的角度值，单位为 deg，也可以直接指定方位，包括 to left、to right、to top 和 to bottom。为实现渐变，至少需要定义两个颜色节点，每个颜色节点可由两个参数组成，其中颜色值为必填项，每个颜色值后面还可以跟一个百分比数值，用于标示颜色渐变属性的位置，这个百分比数值为可选项。下面通过例 3-11 对线性渐变属性进行讲解。

例 3-11　example3-11.html

```
1   <!DOCTYPE html>
2   <html>
3    <head>
4      <meta charset="UTF-8">
5      <title>linear-gradient 属性</title>
6      <style type="text/css">
7         div{width: 200px;
8          height: 200px;
9            background-image:linear-gradient(120deg,red 50%,yellow 80%) ;}
10     </style>
11   </head>
12   <body>
13      <div></div>
14   </body>
15   </html>
```

保存并运行上述代码，效果如图 3-19 所示。本例中红色在 50%的位置开始出现渐变至黄色位于80%的位置结束渐变。

图 3-19　example3-11.html 运行效果

2. radial-gradient 属性

radial-gradient 属性用于设置图像的径向渐变效果。径向渐变是指起始颜色会从一个中心点开始，依据椭圆或圆形进行扩张渐变。其语法格式如下。

background-image:radial-gradient(渐变形状 圆心位置,颜色值1,颜色值2,...,颜色值n);

上述语法格式中的渐变形状用来定义径向渐变的形状，其取值可以是水平和垂直半径的像素值或百分比，还可以是"circle"（圆形的径向渐变）和"ellipse"（椭圆形的径向渐变）；圆形位置用于确定元素渐变的中心位置，使用"at"加上关键词或属性值来定义径向渐变的中心位置，该关键词可以是 left（设置左边为径向渐变圆心的横坐标值）、center（设置中间为径向渐变圆心的横坐标或纵坐标值）、right（设置右边为径向渐变圆心的横坐标值）、top（设置顶部为径向渐变圆心的纵坐标值）和 bottom（设置底部为径向渐变圆心的纵坐标值），该属性值可以是像素值或百分比（定义圆心的水平和垂直坐标值，可以为负值）。下面通过例 3-12 对径向渐变属性进行讲解。

例 3-12　example3-12.html

```
1   <!DOCTYPE html>
2   <html>
3       <head>
4           <meta charset="UTF-8">
5           <title>radial-gradient 属性</title>
6           <style type="text/css">
7               div{width: 200px;
8               height: 200px;
9               border-radius:100px;         /*盒子圆角边框*/
10              background-image:radial-gradient(circle at center,red,yellow);}
11          </style>
12      </head>
13      <body>
14          <div></div>
15      </body>
16  </html>
```

保存并运行上述代码，效果如图 3-20 所示。

图 3-20　example3-12.html 运行效果

3.2.7 背景属性

在 CSS 中可以使用背景属性创建多种样式的背景。背景属性用于设置背景颜色、背景图像、背景图像平铺、背景图像的位置、背景图像的不透明度、背景图像的固定等特性。

1. 背景颜色

背景颜色可以通过 background-color 属性进行设置，如表示元素背景颜色为红色，可编写 CSS 代码 background-color:red。

2. 背景图像

背景图像可以通过 background-image 属性进行设置，其属性值为 url 值。下面通过例 3-13 对 background-image 属性进行讲解。

例 3-13　example3-13.html

```
1   <!DOCTYPE html>
2   <html>
3     <head>
4       <meta charset="UTF-8">
5       <title>背景图像</title>
6       <style type="text/css">
7           body{ background-color: #c7e8f6;}
8           div{width: 192px;
9           height: 148px;
10          background-image: url(img/4.png) ;}
11      </style>
12    </head>
13    <body>
14      <div>$29.8</div>
15    </body>
16  </html>
```

保存并运行上述代码，效果如图 3-21 所示。

图 3-21　example3-13.html 运行效果

3. 背景图像的不透明度

（1）rgba 模式

我们可以使用 CSS3 新增加的颜色模式来设置背景图像的不透明度，它是 RGB 模式的扩展，此颜色模式与 RGB 相同，只是在 RGB 模式的基础上新增加了 alpha 透明度。其语法格式如下。

rgba(r,g,b,alpha);

在上述语法格式中，前三个参数与 RGB 中的参数含义相同，alpha 参数为 0～1 的浮点数，0 表示完全透明，1 表示完全不透明。下面通过例 3-14 对 rgba 模式进行讲解。

例 3-14　example3-14.html

```
1  <!DOCTYPE html>
2  <html>
3  <head>
4      <meta charset="UTF-8">
5      <title>rgba 模式</title>
6      <style type="text/css">
7          body{background-color: #c7e8f6;}
8          div{width:200px; height: 100px;
9          background-color:rgba(255,0,0,0.3); }
10     </style>
11 </head>
12 <body>
13     <div>rgba 模式</div>
14 </body>
15 </html>
```

保存并运行上述代码，效果如图 3-22 所示。

图 3-22　example3-14.html 运行效果

（2）opacity 属性

在 CSS3 中我们可以使用 opacity 属性设置任何元素的透明效果，opacity 属性的属性值通常设置为 0～1 的浮点数，其中 0 表示完全透明，1 表示完全不透明，而 0.5 则表示半透明效果。下面通过例 3-15 对 opacity 属性进行讲解。

例 3-15　example3-15.html

```
1  <!DOCTYPE html>
2  <html>
```

```
3    <head>
4        <meta charset="UTF-8">
5        <title>opacity 属性</title>
6        <style type="text/css">
7            body{ background-color: #c7e8f6;}
8            img:nth-child(1){ opacity: 1;}
9            img:nth-child(2){ opacity: 0.8;}
10           img:nth-child(3){ opacity: 0.5;}
11       </style>
12   </head>
13   <body>
14       <img src="img/4.png">
15       <img src="img/4.png">
16       <img src="img/4.png">
17   </body>
18 </html>
```

保存并运行上述代码，效果如图 3-23 所示。

图 3-23　example3-15.html 运行效果

4. 背景图像平铺

通常将背景图像设置为沿着水平和垂直两个方向平铺，如果不希望背景图像平铺，或者只沿着水平或垂直方向平铺，就要通过设置 background-repeat 属性来实现，该属性的属性值可以是 repeat（沿水平和垂直两个方向平铺，默认值）、no-repeat（不平铺）、repeat-x（只沿水平方向平铺）和 repeat-y（只沿垂直方向平铺）。下面通过例 3-16 对 background-repeat 属性进行讲解。

例 3-16　example3-16.html

```
1  <!DOCTYPE html>
2  <html>
3    <head>
4        <meta charset="UTF-8">
5        <title>背景图像沿水平方向平铺</title>
6        <style type="text/css">
7            body{background-color: #c7e8f6;
8                 background-image: url(img/5.jpg);
9                 background-repeat: repeat-x;}
```

```
10      </style>
11    </head>
12    <body>
13    </body>
14  </html>
```

保存并运行上述代码，效果如图 3-24 所示。

图 3-24　example3-16.html 运行效果

5. 背景图像的位置

如果背景图像不平铺，则会默认以元素的左上角为基准点来显示。如果希望背景图像显示在该元素的其他位置，那么就需要通过设置 background-position 属性来实现。其语法格式如下。

background-position:水平位置 垂直位置;

在上述语法格式中，水平位置和垂直位置的取值有多种。

- 使用"数值 px"直接设置背景图像左上角在元素中的坐标，如 background-position:20px 30px 表示背景图像左上角在元素中的水平距离为 20px，垂直距离为 30px。
- 使用关键字指定背景图像在元素中的对齐方式。水平位置可以使用 left、center、right，垂直位置可以使用 top、center、bottom，如 background-position:top center 表示背景图像上对齐、垂直居中。若只有一个值，则另一个值默认为 center。
- 使用百分比按背景图像和元素的指定点对齐，如 background-position:20% 30%表示图像 20% 30% 的点与元素 20% 30%的点对齐。若只有一个值，则其将作为水平值，垂直值默认为 50%。

下面通过例 3-17 对 background-position 属性进行讲解。

例 3-17　example3-17.html

```
1   <!DOCTYPE html>
2   <html>
3   <head>
4       <meta charset="UTF-8">
5       <title>背景图像的位置</title>
6       <style type="text/css">
7           body{background-color: #c7e8f6;}
8           div{ width:102px;
9                height: 29px;
10               line-height: 29px;
```

```
11              background-image: url(img/6.gif);
12              background-position:0px 29px;
13              color:white ;
14              text-align: center;}
15          </style>
16      </head>
17      <body>
18          <div>网站首页</div>
19      </body>
20  </html>
```

保存并运行上述代码，效果如图 3-25 所示。

图 3-25　example3-17.html 运行效果

6. 背景图像的固定

当网页内容较多时，背景图像会随着页面滚动条的移动而移动，如果希望背景图像固定在屏幕的某一位置，不随着滚动条移动，那么可以通过设置 background-attachment 属性来实现，其属性值为 scroll（图像随着页面元素一起移动，默认值）或者 fixed（图像固定在屏幕上，不随着页面元素移动）。

下面通过例 3-18 对 background-attachment 属性进行讲解。

例 3-18　example3-18.html

```
1   <!DOCTYPE html>
2   <html>
3     <head>
4       <meta charset="UTF-8">
5       <title>背景图像的固定</title>
6       <style type="text/css">
7           body{background-color: #c7e8f6;
8           background-image:url(img/7.jpg) ;
9            background-repeat: no-repeat;
10           background-position:50px 100px ;
11           background-attachment: fixed;}
12          h1{text-align: center;}
13          p{ text-indent: 2em; line-height:30px ;}
14      </style>
15    </head>
16    <body>
17          <h1>我的木马梦</h1>
18          <p>木马是不是大家小时候很喜欢玩的东西呢？骑在上面玩一整天都不会觉得厌倦，现在真的很怀
19          念小时候的那段时光。这款新奇的木马对原有的木马造型进行了一定的改造，成了一匹披着长长
20          锁子甲的战马。</p>
21          <p>特洛伊木马的故事起源于古希腊的一个传说，希腊联军围困特洛伊久攻不下，于是假装撤退，
```

| 22 | 留下一个巨大的中空木马，特洛伊守军不知是计，把木马作为战利品运进城中。夜深人静之际，
| 23 | 在木马腹中躲藏的希腊士兵打开城门，特洛伊沦陷。后人常用"特洛伊木马"这一典故来比喻在
| 24 | 敌方营垒中埋下伏兵，里应外合的活动。特洛伊木马也是著名计算机木马程序的名字。</p>
| 25 | </body>
| 26 | </html>

保存并运行上述代码，效果如图 3-26 所示。

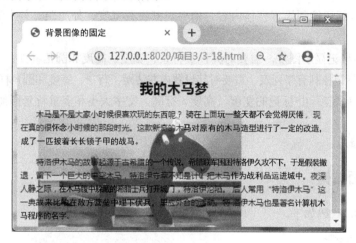

图 3-26　example3-18.html 运行效果

3.3 项目分析

3.3.1 页面结构分析

页面结构如图 3-27 所示。

图 3-27　页面结构

通过观察图 3-27，我们发现页面的主体结构由排行背景和排行两个版块组成。
- 排行背景：使用盒模型<div>标记进行整体控制，如图 3-27 所示。
- 排行：使用盒模型<div>标记进行阴影样式的控制，使用盒模型标题标记，即<h1>标记实现图片显示效果，排序有先后顺序，可以通过有序列表标记<ol><li>进行定义，如图 3-27 所示。

3.3.2 样式分析

- 排行背景：通过最外层的大盒子对页面进行整体控制，需要对其设置宽度、高度、外边距、背景、圆角和边框样式。
- 排行：
  - 使用\<div\>标记控制排行整体内容，需要对其设置宽度、外边距、外上边距、圆角和阴影样式；
  - 使用\<h1\>标记显示图片，需要对其设置背景、宽度、高度和圆角样式；
  - 使用\<ol\>标记控制有序列表，需要对其设置内左边距、背景、宽度和圆角样式；
  - 设置 3 个列表项\<li\>标记的宽度、高度、行高、文字大小和多重背景图像样式。

3.4 项目实践

3.4.1 制作页面结构

制作页面结构，代码如下。

```
1   <div class="container">
2       <div class="container-1">
3           <h1></h1>
4           <ol>
5               <li class="center">薇娅 viya</li>
6               <li class="center">李佳琦 Austin</li>
7               <li class="bottom">列儿宝贝</li>
8           </ol>
9       </div>
10  </div>
```

3.4.2 定义 CSS 样式

1. 定义全局样式

清除浏览器默认样式，代码如下。

```
*{ margin: 0px; padding: 0px;}              /*初始化页面*/
```

2. 定义排行背景的样式

```
.container{ width: 350px;
            height:350px;
            margin:20px auto ;
            background-image:radial-gradient(ellipse at center,#f87b00,#fe502d);
            border-radius: 20%;
            border:5px solid #e7e4e2;}
```

通过一个大的盒模型对页面进行整体控制，根据效果图片为其添加相应的样式。

3. 定义主播排名部分外层盒子的样式

```
.container-1{ width: 200px;
            margin: 0px auto;
            margin-top:50px ;
            border-radius: 20px;
            box-shadow:10px 10px 10px #000;}
```

由于主播排名部分有阴影、圆角样式并且位于最外层盒模型的水平居中位置，因此，按照效果图片为其设置宽度、外边距、圆角和阴影样式。

4. 定义主播排名图片部分的样式

```
h1{ background-image: url(img/big.jpg);
    width:200px;
    height:87px;
    border-radius: 20px 20px 0px 0px;}
```

主播排名图片部分需要放置实际图片，因此，按照效果图片为其设置背景、宽度、高度和圆角样式。

5. 定义主播排名部分的样式

```
ol{ padding-left: 30px;
    background:#f87b00;
    width: 170px;
    border-radius: 0px 0px 20px 20px;}
ol li{ width: 150px;
       height:50px;
       line-height: 50px;
       font-size:18px;
       color:#ffffff;}
```

主播排名部分整体看作一个有序列表，因此，按照效果图片为其设置相应样式。

6. 定义需要单独控制的列表项的样式

```
.center{background:#f87b00 url(img/2.png) no-repeat 120px 25px;}
.bottom{background:#f87b00 url(img/1.png) no-repeat 120px 15px;}
```

在主播排行部分的有序列表中，三个列表项需要分别显示图片，因此，需要对其进行单独控制，按照效果图片为其设置相应样式。

3.5 项目总结

通过本项目的学习，读者能够深入理解盒模型的概念，掌握盒模型的相关属性、背景属性及渐变属性。

项目 4 制作家装行业产品展示页面

4.1 项目描述

在传统的网页设计中,当页面需要显示特效或者动画时,需要使用 JavaScript 或者 Flash 来实现,而 CSS3 的出现打破了这一传统的方式,CSS3 提供了强大的动画和特效属性,可以实现过渡、缩放、移动、旋转等效果。本项目使用 CSS3 高级特性技术制作家装行业产品展示页面。本项目也将带读者回顾 CSS3 选择器的相关知识。项目默认效果如图 4-1 所示;当选择导航栏的"现代简约风格"选项时,该选项的背景颜色发生变化,且页面出现现代简约风格的介绍内容,页面效果如图 4-2 所示;当选择导航栏的"欧式风格"选项时,该选项的背景颜色发生变化,且页面出现欧式风格的介绍内容,页面效果如图 4-3 所示;当选择导航栏的"中式风格"选项时,该选项的背景颜色发生变化,且页面出现中式风格的介绍内容,页面效果如图 4-4 所示。

图 4-1 项目默认效果

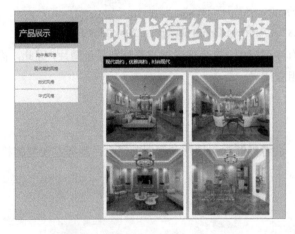

图 4-2 "现代简约风格"页面效果

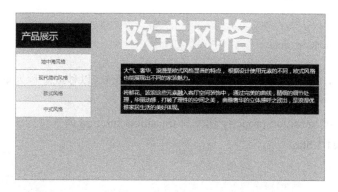

图 4-3 "欧式风格"页面效果

图 4-4 "中式风格"页面效果

4.2 前导知识

4.2.1 过渡

我们可以在不使用 Flash 或 JavaScript 的情况下，通过 CSS3 在元素从一种样式变换为另一种样式时为元素添加效果。在 CSS3 中，过渡属性主要包括 transition-property、transition-duration、transition-timing-function、transition-delay 和 transition。

> **1. transition-property 属性**

transition-property 属性用于指定应用过渡效果的 CSS 属性的名称（当指定的 CSS 属性改变时，过渡效果开始出现），过渡效果通常在用户将鼠标指针悬停到元素上时出现。其语法格式如下。

transition-property:none|all|propery;

上述语法格式中，transition-property 属性的属性值包括 none、all 和 propery 三个，其中，none 表示没有属性会获得过渡效果（默认值），all 表示所有属性都将获得过渡效果，propery 表示定义应用过渡效果的 CSS 属性的名称，多个名称之间用逗号分隔。

> **2. transition-duration 属性**

transition-duration 属性用于规定完成过渡效果需要花费的时间（以秒或毫秒为单位）。其语法格式如下。

语法格式

transition-duration: time;

上述语法格式中，transition-duration 属性的属性值为 time（以秒或毫秒为单位），默认值是 0，意味着没有效果。

下面通过例 4-1 对 transition-property 属性和 transition-duration 属性进行讲解。

例 4-1　example4-1.html

```
1    <!doctype html>
2    <html>
3      <head>
4        <meta charset="utf-8">
5        <title>transition-property 属性和 transition-duration </title>
6        <style type="text/css">
7          table{
8            width:400px;
9            height:100px;
10           background-color:red;
11           font-weight:bold;
12           color:#FFF;}
13         table:hover{
14           background-color:blue;
15           width:800px;
16           height:200px;
17           /*指定动画过渡的 CSS 属性*/
18           -webkit-transition-property:background-color,width,height;/*Safari 和 Chrome 浏览器兼容代码*/
19           -moz-transition-property:background-color,width,height;   /*Firefox 浏览器兼容代码*/
20           -o-transition-property:background-color,width,height;     /*Opera 浏览器兼容代码*/
21           /*指定动画过渡的时间*/
22           -webkit-transition-duration:5s ;
23           -moz-transition-duration:5s ;
24           -o-transition-duration:5s ;}
25       </style>
26     </head>
27     <body>
28       <table>
29         <tr><td>我是表格，我的背景色、宽度和高度都改变啦！</td></tr>
30       </table>
31     </body>
32   </html>
```

保存并运行上述代码，当鼠标指针悬停到网页中的表格区域时，表格区域的背景颜色由红色逐渐变为蓝色，宽度和高度也将发生变化：逐渐变宽、逐渐变高，最终效果如图 4-5 所示。

注意：CSS3 过渡是元素从一种样式逐渐变为另一种样式的效果。要实现这一点，必须规定如下两项内容。
① 规定把过渡效果添加到哪个 CSS 属性上；
② 规定过渡效果的时长。

图 4-5　鼠标指针悬停到网页中表格区域的最终效果

3. transition-timing-function 属性

transition-timing-function 属性用于规定过渡效果的速度曲线。该属性允许过渡效果随着时间来改变其速度。其语法格式如下。

transition-timing-function:linear|ease|ease-in|ease-out|ease-in-out|cubic-bezier(n,n,n,n);

上述语法格式中，linear 规定以相同速度开始至结束的过渡效果（等同于 cubic-bezier(0,0,1,1)）；ease 规定慢速开始，然后变快，最后慢速结束的过渡效果（等同于 cubic-bezier(0.25,0.1,0.25,1)）；ease-in 规定以慢速开始的过渡效果（等同于 cubic-bezier(0.42,0,1,1)）；ease-out 规定以慢速结束的过渡效果（等同于 cubic-bezier(0,0,0.58,1)）；ease-in-out 规定以慢速开始和结束的过渡效果（等同于 cubic-bezier(0.42,0,0.58,1)）；cubic-bezier(n,n,n,n) 表示在 cubic-bezier 函数中定义自己的值，可能的值为 0～1。

下面通过例 4-2 对 transition-timing-function 属性进行讲解。

例 4-2　example4-2.html

```
1   <!DOCTYPE html>
2   <html>
3   <head>
4       <meta charset="UTF-8">
5       <title>transition-timing-function 属性</title>
6       <style type="text/css">
7           div{
8               width:200px;
9               height:200px;
10              margin:0 auto;
11              background-color: coral;
12              border:5px solid black;
13              border-radius:0px;}
14          div:hover{
15              border-radius:50%;
16              /*指定动画过渡的 CSS 属性*/
17              -webkit-transition-property:border-radius;      /*Safari 和 Chrome 浏览器兼容代码*/
18              -moz-transition-propertyborder-radius;          /*Firefox 浏览器兼容代码*/
19              -o-transition-property:border-radius;           /*Opera 浏览器兼容代码*/
```

```
20              /*指定动画过渡的时间*/
21              -webkit-transition-duration:5s;              /*Safari 和 Chrome 浏览器兼容代码*/
22              -moz-transition-duration:5s;                 /*Firefox 浏览器兼容代码*/
23              -o-transition-duration:5s;                   /*Opera 浏览器兼容代码*/
24              /*指定动画以慢速开始和结束的过渡效果*/
25              -webkit-transition-timing-function:ease-in-out;   /*Safari 和 Chrome 浏览器兼容代码*/
26              -moz-transition-timing-function:ease-in-out;      /*Firefox 浏览器兼容代码*/
27              -o-transition-timing-function:ease-in-out;}       /*Opera 浏览器兼容代码*/
28         </style>
29     </head>
30     <body>
31         <div></div>
32     </body>
33 </html>
```

保存并运行上述代码，当鼠标指针悬停到网页中的<div>区域时，正方形逐渐变成正圆形，最终效果如图 4-6 所示。

图 4-6　鼠标指针悬停到网页中<div>区域的最终效果（2）

4. transition-delay 属性

transition-delay 属性用于规定过渡效果何时开始。其语法格式如下。

```
transition-delay: time;
```

上述语法格式中，transition-delay 属性的属性值为 time，以 s 或 ms 为单位，可以取正数（过渡动作会延迟触发），也可以取负数（过渡动作会从该时间点开始，之前的动作被截断）。

在例 4-2 的基础上，在第 27 行代码后面增加如下代码，用来实现当鼠标指针悬停到网页中的<div>区域时，开始时<div>区域没有变化，但等待 5s 后过渡的动作将会被触发，正方形开始逐渐慢速变化，然后逐渐加速变化，最后慢速变为正圆形。

```
/*指定动画延迟触发*/
-webkit-transition-delay:5s;          /*Safari 和 Chrome 浏览器兼容代码*/
-moz-transition-delay:5s;             /*Firefox 浏览器兼容代码*/
-o-transition-delay:5s;               /*Opera 浏览器兼容代码*/
```

5. transition 属性

transition 属性是一个简写属性（复合属性），用于设置如下四个过渡属性。

- transition-property：用于指定应用过渡效果的 CSS 属性的名称；
- transition-duration：用于规定完成过渡效果需要花费的时间；

- transition-timing-function：用于规定过渡效果的速度曲线
- transition-delay：用于规定过渡效果何时开始。

transition 属性的语法格式如下。

transition: property duration timing-function delay;

使用 transition 属性设置多个过渡效果时，它的各个属性值必须按照顺序进行定义，不能颠倒。例如，例 4-2 中设置的四个过渡属性，就可以用如下代码代替。

-webkit-transition:border-radius 5s ease-in-out 5s;   /*Safari 和 Chrome 浏览器兼容代码*/
-moz-transition:border-radius 5s ease-in-out 5s;   /*Firefox 浏览器兼容代码*/
-o-transition:border-radius 5s ease-in-out 5s;   /*Opera 浏览器兼容代码*/

注意： 无论是单个属性还是简写属性，使用时都可以实现多种过渡效果。如果使用 transition 简写属性设置多种过渡效果，需要为每个过渡属性集中指定所有的值，并且使用逗号进行分隔，例如，transition:width 5s,height 5s,border-radius 5s;。

4.2.2 变形

transfrom 从字面理解就是变形、改变的意思，CSS3 的 transfrom 属性可以对 HTML 元素进行变形，主要的变形形式有平移、缩放、倾斜和旋转。其实，CSS3 的变形本质不是改变元素本身的高度和宽度，而是人们视觉上产生了变化而已。其语法格式如下。

transform:none|transform-functions;

上述语法中，transform 属性的属性值是 none，表示不进行变形；transform-functions 用于设置变形方法。CSS3 的变形是一系列效果的集合，如平移、旋转、缩放和倾斜，每个效果都需要通过调用各自的方法来实现。

▶ 1. 2D 转换

通过 CSS3 的 2D 转换，我们能够对元素进行移动、缩放、旋转、拉长或拉伸。2D 转换方法如下。
① translate()：平移方法；
② scale()：缩放方法；
③ skew()：倾斜方法；
④ rotate()：旋转方法；

（1）translate()方法

通过 translate()方法，能够将元素从其当前位置进行平移。所谓的平移，是指图形沿着 X 轴或 Y 轴进行直线运动。平移不会改变图形的形状和大小。该方法包含两个参数，分别用于定义 X 轴和 Y 轴坐标，其语法格式如下。

transform: translate(x-value,y-value);

上述语法格式中，x-value 指元素在水平方向上移动的距离，y-value 指元素在垂直方向上移动的距离，单位为 px、em、百分比等。如果省略了第二个参数，则取默认值 0。当 x-value 值为正数时，表示向右移动，反之则表示向左移动元素；当 y-value 值为正数时，表示向下移动，反之则表示向上移动元素。注意，基准点是元素的中心点，而非元素的左顶点。

下面通过例 4-3 讲解 translate()方法的用法。

例 4-3　example4-3.html

```
1   <!DOCTYPE html>
2   <html>
3     <head>
4       <meta charset="UTF-8">
5       <title></title>
6       <style type="text/css">
7         div{width:136px;
8         height:80px;
9         background-color:yellow;
10        border:1px solid black;}
11        div#div2{
12        transform:translate(50px,100px);
13        -ms-transform:translate(50px,100px);    /* IE 9 浏览器兼容代码*/
14        -moz-transform:translate(50px,100px);   /* Firefox 浏览器兼容代码*/
15        -webkit-transform:translate(50px,100px);/* Safari 和 Chrome 浏览器兼容代码*/
16        -o-transform:translate(50px,100px);}    /* Opera 浏览器兼容代码*/
17      </style>
18    </head>
19    <body>
20      <div><img src="img/qc.jpg"></div>
21      <div id="div2"><img src="img/qc.jpg"></div>
22    </body>
23  </html>
```

保存并运行上述代码，效果如图 4-7 所示。

图 4-7　example4-3.html 运行效果

（2）scale()方法

缩放，指的是"缩小"和"放大"。在 CSS3 中，我们可以使用 scale()方法来将元素根据中心原点进行缩放。该方法包含两个参数，分别用于定义宽度（X 轴）和高度（Y 轴）的缩放比例，元素尺寸的增加或减少，由定义的宽度（X 轴）和高度（Y 轴）参数控制，其语法格式如下。

transform:scale(x-axis,y-axis);

上述语法格式中，x-axis 和 y-axis 的取值可以是正数、负数和小数。正数表示基于指定的宽度和高度放大元素的倍数。负数不会缩小元素倍数，而是反转元素（如文字被反转），然后放大元素倍数。如果第二个参数省略，则第二个参数等于第一个参数。数值大于 1 表示放大元素，数值小于 1 表示缩小元素。

下面通过例 4-4 讲解 scale()方法的用法。

例 4-4　example4-4.html

```
1   <!DOCTYPE html>
2   <html>
3   <head>
4       <meta charset="UTF-8">
5       <title></title>
6       <style type="text/css">
7           div{width:136px;
8               height:80px;
9               background-color:yellow;
10              border:1px solid black;}
11          div#div2{margin:100px;
12              transform:scale(2,-4);
13              -ms-transform:scale(2,-4);          /* IE 9 浏览器兼容代码*/
14              -moz-transform:scale(2,-4);         /* Firefox 浏览器兼容代码*/
15              -webkit-transform:scale(2,-4);      /* Safari 和 Chrome 浏览器兼容代码*/
16              -o-transform:scale(2,-4);}          /* Opera 浏览器兼容代码*/
17      </style>
18  </head>
19  <body>
20      <div><img src="img/qc.jpg"></div>
21      <div id="div2"><img src="img/qc.jpg"></div>
22  </body>
23  </html>
```

保存并运行上述代码，通过 scale()方法将第二个<div>盒子的宽度放大了两倍，将元素 y 轴反转后高度放大了四倍，效果如图 4-8 所示。

注意：scale(x,y)方法也可以扩展为 scaleX(x)和 scaleY(y)两个方法，其中 scaleX(x)指元素仅水平方向缩放（X 轴缩放），scaleY(y)指元素仅垂直方向缩放（Y 轴缩放）。

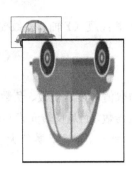

图 4-8　exanple4-4.html 运行效果

（3）skew()方法

可以通过 skew()方法使元素倾斜显示，该方法包含两个参数，分别用来定义 X 轴和 Y 轴坐标倾斜的角度。其语法格式如下。

transform:skew(x-angle,y-angle);

上述语法格式中，x-angle 和 y-angle 表示角度，第一个参数表示相对于 X 轴倾斜的角度，第二个参数表示相对于 Y 轴倾斜的角度，如果省略了第二个参数，则取默认值 0。

下面通过例 4-5 讲解 skew()方法的用法。

例 4-5　example4-5.html

```
1   <!DOCTYPE html>
2   <html>
3     <head>
4       <meta charset="UTF-8">
5       <title></title>
6       <style type="text/css">
7         div{width:136px;
8             height:80px;
9             background-color:yellow;
10            border:1px solid black;}
11        div#div2{margin:50px;
12            transform:skew(30deg,20deg);
13            -ms-transform:skew(30deg,20deg);      /* IE 9 浏览器兼容代码*/
14            -moz-transform:skew(30deg,20deg);     /* Firefox 浏览器兼容代码*/
15            -webkit-transform:skew(30deg,20deg);  /* Safari 和 Chrome 浏览器兼容代码*/
16            -o-transform:skew(30deg,20deg); }     /* Opera 浏览器兼容代码*/
17      </style>
18    </head>
19    <body>
20      <div><img src="img/qc.jpg"></div>
21      <div id="div2"><img src="img/qc.jpg"></div>
22    </body>
23  </html>
```

保存并运行上述代码，通过 skew()方法将第二个<div>盒子沿 X 轴倾斜了 30 度，沿 Y 轴倾斜了 20 度，效果如图 4-9 所示。

图 4-9　example4-5.html 运行效果

（4）rotate()方法

rotate()方法能够在二维空间内旋转指定的元素对象，其语法格式如下。

　　　　　transform:rotate(angle);

上述语法格式中，angle 表示要旋转的角度。如果角度为正值，则按照顺时针方向进行旋转，否则按照逆时针方向进行旋转。

下面通过例 4-6 讲解 rotate()方法的用法。

例 4-6　example4-6.html

```
1   <!DOCTYPE html>
2   <html>
3   <head>
4       <meta charset="UTF-8">
5       <title></title>
6       <style type="text/css">
7           div{width:136px;
8               height:80px;
9               background-color:yellow;
10              border:1px solid black;}
11          div#div2{margin:50px;
12              transform:rotate(30deg);
13              -ms-transform:rotate(30deg);       /* IE 9 浏览器兼容代码*/
14              -moz-transform:rotate(30deg);      /* Firefox 浏览器兼容代码*/
15              -webkit-transform:rotate(30deg);   /* Safari 和 Chrome 浏览器兼容代码*/
16              -o-transform:rotate(30deg); }      /* Opera 浏览器兼容代码*/
17      </style>
18  </head>
19  <body>
20      <div><img src="img/qc.jpg"></div>
21      <div id="div2"><img src="img/qc.jpg"></div>
```

```
22    </body>
23  </html>
```

保存并运行上述代码,通过 rotate()方法将第二个<div>盒子沿顺时针方向旋转 30 度,效果如图 4-10 所示。

图 4-10   rotate()方法效果图

2. 3D 转换

通过 2D 转换,我们能使元素在二维空间进行顺时针或逆时针旋转,而通过 3D 转换可以让元素围绕 X 轴、Y 轴、Z 轴即三维空间进行旋转,3D 转换方法如下。

① rotateX()。

② rotateY()。

(1)rotateX()方法

通过 rotateX()方法,使元素围绕其 X 轴以给定的度数进行旋转,其语法格式如下。

transform:rotateX(a);

上述语法格式中,a 用于定义旋转的角度,单位为度(deg),其值可以是正数也可以是负数。如果值为正数,则元素将围绕 X 轴以顺时针方向进行旋转;反之,则元素将围绕 X 轴以逆时针方向进行旋转。

下面通过例 4-7 来讲解 rotateX()方法的用法。

例 4-7   example4-7.html

```
1   <!DOCTYPE html>
2   <html>
3     <head>
4       <meta charset="UTF-8">
5       <title></title>
6       <style type="text/css">
7         div{width:136px;
8             height:80px;
9             border:1px solid black;
10            position:relative;}
11        div#div2{position:absolute;
```

12	top:0px;
13	left:0px;
14	transform:rotateX(80deg);
15	-webkit-transform:rotateX(80deg); /* Safari 和 Chrome 浏览器兼容代码 */
16	</style>
17	</head>
18	<body>
19	<div>
20	<div id="div2"><img src="img/qc.jpg"></div>
21	</div>
22	<p><b>注释：</b>Internet Explorer 和 Opera 不支持 rotateX 方法。</p>
23	</body>
24	</html>

保存并运行上述代码，通过 rotateX() 方法将第二个 <div> 盒子围绕 X 轴以顺时针方向旋转 80 度，效果如图 4-11 所示。

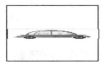

注释：Internet Explorer 和 Opera 不支持 rotateX 方法。

图 4-11　example4-7.html 运行效果

（2）rotateY() 方法

通过 rotateY() 方法，使元素围绕其 Y 轴以给定的度数进行旋转，其语法格式如下。

    transform:rotateY(a);

上述语法格式中，a 与 rotateX(a) 中的 a 含义相同，用于定义旋转的角度。如果值为正数，则元素围绕 Y 轴以顺时针方向进行旋转；反之，则元素围绕 Y 轴以逆时针方向进行旋转。

下面通过例 4-8 讲解 rotateY() 方法的用法。

例 4-8　example4-8.html

1	<!DOCTYPE html>
2	<html>
3	<head>
4	<meta charset="UTF-8">
5	<title></title>
6	<style type="text/css">
7	div{width:136px;
8	height:80px;
9	border:1px solid black;
10	position:relative;}
11	div#div2{position:absolute;
12	top:0px;

```
13                    left:0px;
14                    transform:rotateY(80deg);
15                    -webkit-transform:rotateY(80deg); /* Safari and Chrome 浏览器兼容代码 */
16          </style>
17    </head>
18    <body>
19        <div>
20            <div id="div2"><img src="img/qc.jpg"></div>
21        </div>
22        <p><b>注释：</b>IE 浏览器和 Opera 浏览器不支持 rotateY()方法。</p>
23    </body>
24    </html>
```

保存并运行上述代码，通过 rotateY()方法将第二个<div>盒子围绕 Y 轴以顺时针方向旋转 80 度，效果如图 4-12 所示。

注释：Internet Explorer 和 Opera 不支持 rotateY 方法。

图 4-12   example4-8.html 运行效果

注意：Internet Explorer 10 和 Firefox 浏览器支持 3D 转换，Chrome 和 Safari 浏览器需要前缀 -webkit-，Opera 浏览器仍然不支持 3D 转换（它只支持 2D 转换）。另外，3D 转换多用于制作 3D 旋转导航栏，读者可根据上述代码的启发自行实践。

4.2.3 动画

我们可以通过 CSS3 来创建动画，而且在许多网页制作中 CSS3 已经取代了 Flash 及 JavaScript。使用 CSS3 Animation 制作动画，只需要定义几个关键帧，就可以生成连续的动画。

1. 定义关键帧

当需要创建动画时，首先要定义动画的关键帧，@keyframes 属性规定了动画的关键帧，关键帧定义了元素在各个时间点的样式。其语法格式如下。

@keyframes 动画名称{keyframes-selector{css-styles;}}

上述语法格式中，动画名称不能为空。keyframes-selector 指当前关键帧要应用到整个动画过程中的位置，值可以是一个百分比、from 或 to，其中，from 与 0%效果相同，表示动画的开始；to 与 100%效果相同，表示动画的结束。css-styles 指执行到当前关键帧时对应的动画状态，由 CSS 样式属性进行定义，多个属性之间用分号分隔，不能为空。例如，使用@keyframes 属性定义一个背景颜色由红色变成黄色的动画，代码如下。

```
@keyframes myfirst
{
```

```
    from {background:#F00;}
    to {background: #FF0;}
}
```

上述代码的作用是定义关键帧，使用@keyframes 属性定义了一个名为 myfirst 的动画，该动画开始时，即第一帧时盒子的背景颜色为红色（#F00），动画结束时，即最后一帧时盒子的背景颜色为黄色（#FF0），该动画效果还可以改写为如下代码。

```
@keyframes myfirst
{
    0% {background:#F00;}
    100% {background: #FF0;}
}
```

另外，如果需要创建一个中间位置的动画，例如，将盒子的背景颜色在中间位置时，即中间帧时设置为蓝色（#00F），则可以通过如下代码实现。

```
@keyframes myfirst
{
    0%{ background:#F00;}
    50%{ background: #00F;}
    100%{ background: #FF0;}
}
```

2. 绑定动画

在@keyframes 属性中定义了动画之后，必须使用 animation 属性对动画进行捆绑，否则不会产生动画效果。animation 属性的语法格式如下。

animation: animation-name animation-duration animation-timing-function animation-delay animation-iteration-count animation-direction;

上述语法格式中，animation-name 用于定义要应用的动画名称，为@keyframes 属性定义的动画名称；animation-duration 用于定义完成整个动画效果所需要的时间，以秒或毫秒为单位；animation-timing-function 用于定义动画的速度曲线，与 transition-timing-function 相同；animation-delay 用于定义执行动画效果之前延迟的时间，即规定动画从什么时候开始；animation-iteration-count 用于定义动画播放的次数；animation-direction 用于定义当前动画播放的方向。需要注意的是，使用 animation 属性对动画进行捆绑，同时需要规定两项动画属性：动画名称、动画的时长。

下面通过例 4-9 对 animation 属性进行讲解。

例 4-9　example4-9.html

```
1  <!DOCTYPE html>
2  <html>
3    <head>
4      <meta charset="UTF-8">
5      <title></title>
6      <style type="text/css">
7      @keyframes mymove{
8          0%{left: 30px; top: 0px;}
```

```
9            25%{left: 600px; top: 0px;}
10           50%{left: 600px; top: 330px;}
11           75%{left: 30px; top: 330px;}
12           100%{left: 30px; top: 0px;}
13       @-webkit-keyframes mymove{
14           0%{left: 30px; top: 0px;}
15           25%{left: 600px; top: 0px;}
16           50%{left: 600px; top: 330px;}
17           75%{left: 30px; top: 330px;}
18           100%{left: 30px; top: 0px;}
19       img{
20              position: relative;
21              animation:mymove 5s infinite;}
22       </style>
23   </head>
24   <body>
25       <img src="img/qc.png" />
26   </body>
27   </html>
```

保存并运行上述代码，效果如图 4-13 所示。

图 4-13 example4-9.html 运行效果

4.3 项目分析

4.3.1 页面结构分析

页面结构如图 4-14 所示。

通过观察图 4-14，我们发现页面的主体结构"产品展示"由"地中海风格""现代简约风格""欧式风格""中式风格"四个版块组成。

- 导航栏：需要设置标题标记<h1>和超链接标记<a>定义导航栏，还需要设置标题标记<h2>、段落标记<p>、图像标记<img>定义右侧页面样式。
- "地中海风格""现代简约风格""欧式风格""中式风格"版块：需要设置标题标记<h2>和段落标记<p>，其中，在"地中海风格"和"中式风格"版块中，还需要设置图像标记<img>，在"现代简约风格"版块中，还需要设置无序列表标记<ul><li>嵌套图像标记<img>。

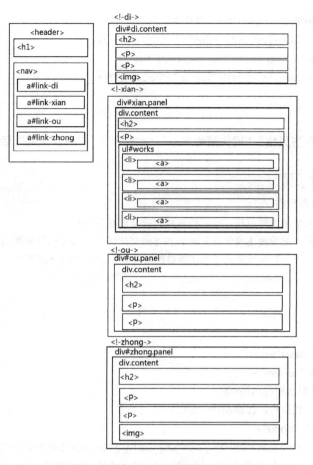

图 4-14 页面结构

4.3.2 样式分析

- "地中海风格"版块：该版块是始终不动的，需要设置绝对定位。
- "现代简约风格""欧式风格""中式风格"版块：开始时隐藏于页面的左外侧，通过 margin-left: -100% 设置，该项目的关键是实现过渡的动画效果，动画的触发事件是选择导航栏选项，选中的版块则产生活动。当选择导航栏的选项时，被选中的版块 margin-left 发生变化，由 margin-left: -100% 变为 margin-left: 0%，从而使版块进入页面。未被选中的版块自动退回左外侧，通过设置 margin-left: -100% 来实现。

4.4 项目实践

4.4.1 制作页面结构

1. 制作导航栏

```
1   <header>
2       <h1>产品展示</h1>
3       <nav>
```

```
4            <a id="link-di" href="#di">地中海风格</a>
5            <a id="link-xian" href="#xian">现代简约风格</a>
6            <a id="link-ou" href="#ou">欧式风格</a>
7            <a id="link-zhong" href="#zhong">中式风格</a>
8        </nav>
9   </header>
```

2. 制作"地中海风格""现代简约风格""欧式风格""中式风格"版块

```
1   <!-- di -->
2       <div id="di" class="content">
3           <h2>地中海风格</h2>
4           <p>浪漫柔情地中海风格，在家拥有蓝天碧海般感觉</p>
5           <p>无处不在的浪漫主义气息和兼容并蓄的文化品位，以其极具亲和力的田园风情被不同层次的
6               人们接受。生性浪漫又崇尚辽阔自然的惬意生活的人们会情不自禁地爱上地中海风格。</p>
7           <img src="img/dizhonghai.jpg" height="250">
8       </div>
9   <!-- /di -->
10  <!-- xian -->
11  <div id="xian" class="panel">
12      <div class="content">
13          <h2>现代简约风格</h2>
14          <p>现代简约，优雅高档，时尚现代</p>
15          <ul id="works">
16              <li><a href="#"><img src="img/jian1.jpg" height="250"></a></li>
17              <li><a href="#"><img src="img/jian2.jpg" height="250"></a></li>
18              <li><a href="#"><img src="img/jian3.jpg" height="250"></a></li>
19              <li><a href="#"><img src="img/jian4.jpg" height="250"></a></li>
20          </ul>
21
22      </div>
23  </div>
24  <!-- /xian -->
25  <!-- ou -->
26  <div id="ou" class="panel">
27      <div class="content">
28          <h2>欧式风格</h2>
29          <p>大气、奢华、浪漫是欧式风格显著的特点，根据设计使用元素的不同，欧式风格也能展现
30              出不同的家装魅力。</p>
31          <p>将鲜花、波浪这些元素融入客厅空间装饰中，通过完美的曲线，精细的细节处理，华丽动
32              感，打破了理性的空间之美，典雅奢华的立体感呼之欲出，是浪漫优雅家居生活的美好体
33              现。</p>
34      </div>
35  </div>
36  <!-- /ou-->
```

```
37        <!-- zhong-->
38        <div id="zhong" class="panel">
39            <div class="content">
40                <h2>中式风格</h2>
41                <p>低调奢华中式风格</p>
42                <p>以京城民宅的黑、白、灰色为基调,将皇家住宅的红色作为局部色彩,同一种系列搭配在一起
43                    很好看。</p>
44                <img src="img/zhong.jpg" height="250">
45            </div>
46        </div>
47        <!-- /zhong-->
```

4.4.2 定义 CSS 样式

▶1. 定义全局样式

```
*{margin:0;
   padding:0; }
body {width: 100%;
      background: #b1e583;}
```

▶2. 定义导航栏的样式

```
header{position: absolute;
    z-index: 999;
    width: 250px;
    top: 100px; }
header h1{font-size: 30px;
    font-weight: 400;
    text-transform: uppercase;
    color: rgba(255,255,255,0.9);
    text-shadow: 0px 1px 1px rgba(0,0,0,0.3);
    padding: 20px;
    background: #000;}
nav{margin-top: 20px;
    width: 250px;
    display:block;
    list-style:none;
    z-index:3;}
nav a{color: #444;
    display: block;
    background: #fff;
    background: rgba(255,255,255,0.9);
    line-height: 50px;
    padding: 0px 20px;
    box-shadow: 1px 1px 2px rgba(0,0,0,0.2);
```

```
            font-size: 16px;
            margin-bottom: 2px;
            text-align: center;
            text-decoration: none;}
nav a:hover {
       background: #ddd;}
```

▶3. 定义"地中海风格""现代简约风格""欧式风格""中式风格"版块的样式

```
    .content{
         left: 350px;
         top: 0px;
         position: absolute;
         padding-bottom: 30px; }
    .content h2{
         font-size: 110px;
         padding: 10px 0px 20px 0px;
         margin-top: 52px;
         color: #fff;
         color: rgba(255,255,255,0.9);
         text-shadow: 0px 1px 1px rgba(0,0,0,0.3); }
    .content p{
         font-size: 18px;
         line-height: 24px;
         color: #fff;
         background: black;
         padding: 10px;
         margin: 3px 0px;
         width:640px; }
    .panel{
         width: 100%;
         min-height: 100%;
         position: absolute;
         background-color: #000;
         margin-left: -100%;
         z-index:2;
         -webkit-transition: all .6s ease-in-out;
         -moz-transition: all .6s ease-in-out;
         -o-transition: all .6s ease-in-out;
         -ms-transition: all .6s ease-in-out;
         transition: all .6s ease-in-out;}
    .panel:target{
         margin-left: 0%;
         background-color: #b1e583;}
    #di:target ~ #header #navigation #link-di,
```

```
#xian:target ~ #header #navigation #link-xian,
#ou:target ~ #header #navigation #link-ou,
#zhong:target ~ #header #navigation #link-zhong{
    background: #000;
    color: #fff;}
#works {
    padding: 15px 0px;
    overflow: hidden;
     width: 700px;}
#works li{
     float: left;
     list-style: none;
     padding-right:10px ;}
#works img,.content img{
    box-shadow: 1px 1px 2px rgba(0,0,0,0.3);
    padding: 12px;
    background: rgba(255,255,255,0.9);}
```

4.5 项目总结

通过本项目的学习，读者能够理解过渡属性，能够控制动画的过渡时间、动画的展示速度等常见过渡效果；掌握 CSS3 中的变形属性，能够制作 2D 转换、3D 转换效果；掌握 CSS3 中的动画属性，能够熟练制作网页中常见的动画效果。

项目 5 制作旅游网站的导航栏和 banner

5.1 项目描述

导航栏和 banner 是门户网站、行业网站等不可或缺的网页版块结构。本项目利用浮动、位置定位、元素转换等属性制作旅游网站的导航栏和 banner。本项目也将带读者回顾 HTML5 的结构元素、CSS3 的基础知识及盒模型相关知识。项目效果如图 5-1 所示。

图 5-1 项目效果

5.2 前导知识

5.2.1 元素的浮动属性 float

CSS 布局是在盒模型的基础上对网页进行整体布局的,CSS 布局有两种基本方式:浮动和位置定位。网页布局其实就是将网页划分成若干个小区域,再把这些小的区域利用浮动或位置定位属性进行"排版"。

浏览器在解析网页时是按照标准文档流的顺序进行的,即按照 body 元素下的任意元素的上下关系进行解析,而 float 属性则打破了这一解析规则,使浏览器按照我们的布局要求进行解析。

float 是 CSS 的一个属性,常用的属性值有 3 个,分别是 left(元素向左浮动)、right(元素向右浮动)和 none(元素不浮动,默认值)。下面通过例 5-1 对 float 属性的三个属性值分别进行讲解。

例 5-1   example5-1.html

```
1   <!DOCTYPE html>
2   <html>
3     <head>
4       <meta charset="UTF-8" />
5       <title></title>
6       <style type="text/css">
7         body{background-color:#a0c0c1;}
```

8	#box1,#box2,#box3{	/*定义 box1、box2、box3 盒子的样式*/
9	width:200px;	
10	height:60px;	
11	border:2px solid #000000;	
12	background-color:#ff1e00;	
13	}	
14	</style>	
15	</head>	
16	<body>	
17	<div id="box1">box1</div>	
18	<div id="box2">box2</div>	
19	<div id="box3">这是浮动的案例</div>	
20	</body>	
21	</html>	

1. float：none

在例 5-1 中，box1、box2、box3 盒子均没有设置 float 属性，相当于 float 属性的属性值设置为了默认值 none，三个盒子按照标准文档流的方式显示，效果如图 5-2 所示。

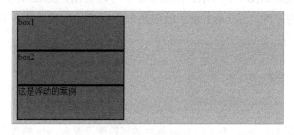

图 5-2　float:none（默认值）效果

2. float：left

在例 5-1 的基础上将 box1 盒子的 float 属性的属性值设置为 left，CSS 代码如下。

```
#box1{ float: left;}                    /*定义 box1 盒子左浮动*/
```

保存并刷新页面，效果如图 5-3 所示。从图 5-3 中可以看出，box1 盒子漂浮在 box2 盒子的上面，即 box1 盒子将 box2 盒子覆盖，也就是说，box1 盒子没有按照标准文档流显示，而是出现了另一个新的空间层次，box1 盒子不再占据原来的空间层次位置，而 box2 盒子和 box3 盒子在原来的空间层次上按照上下的顺序一一罗列。

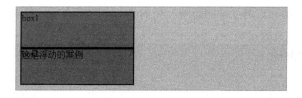

图 5-3　box1 盒子的 float 属性的属性值设置为 left 的效果

在例 5-1 的基础上将 box1 盒子和 box2 盒子的 float 属性的属性值均设置为 left，CSS 代码如下。

```
#box1,#box2{ float: left;}                    /*定义box1、box2盒子左浮动*/
```

保存并刷新页面，效果如图5-4所示。从图5-4中可以看出，box1盒子和box2盒子并列漂浮在box3盒子上面，即box1盒子和box2盒子覆盖box3盒子，也就是说，box1盒子和box2盒子没有按照标准文档流显示，而是这两个盒子出现了另一个新的空间层次（box1盒子和box2盒子在同一个空间层次），box1盒子和box2盒子不再占据原来的空间层次位置，而box3盒子还在原来的空间层次上。

图5-4 box1盒子和box2盒子的float属性的属性值均设置为left的效果

3. float：right

在例5-1的基础上将box1盒子的float属性的属性值设置为right，CSS代码如下。

```
#box1{ float: right;}                         /*定义box1盒子右浮动*/
```

保存并刷新页面，效果如图5-5所示。从图5-5中可以看出，box2盒子和box3盒子按照标准文档流的顺序排列在页面的左侧，而box1盒子出现在一个新的空间层次上，排列在文档流的右侧。

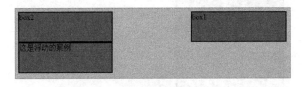

图5-5 box1盒子的float属性的属性值设置为right的效果

实践应用：我们通常利用浮动属性，对网页整体进行布局、制作横向导航栏或者实现图文混排效果。

5.2.2 元素的清除浮动属性clear

浮动的元素不再占据原始文档流的空间位置，设置了浮动的元素将会影响与它相邻的那些没有设置浮动的元素（会使它们的位置发生变化，产生元素覆盖的现象），那么如何解决浮动带来的影响呢？我们可以通过在受浮动影响的那些元素的CSS中设置clear属性的方法来解决。

clear是CSS的一个属性，通常称为清除浮动属性，常用的属性值有3个，分别是left（清除左侧浮动的影响）、right（清除右侧浮动的影响）和both（同时清除左、右两侧浮动的影响）。下面通过例5-2对clear属性进行讲解。

例5-2   example5-2.html

```
1    <!DOCTYPE html>
2    <html>
3        <head>
4            <meta charset="UTF-8" />
5            <title></title>
```

```
6     <style type="text/css">
7     body{background-color:#a0c0c1;}
8     #box1,#box2,#box3{                    /*定义 box1、box2、box3 盒子的样式*/
9         width:200px;
10        height:60px;
11        border:2px solid #000000;
12        background-color:#ff1e00;
13        }
14    #box1,#box2{ float: left;}
15    </style>
16    </head>
17    <body>
18    <div id="box1">box1</div>
19    <div id="box2">box2</div>
20    <div id="box3">这是浮动的案例</div>
21    </body>
22    </html>
```

保存并运行上述代码，效果如图 5-4 所示。由于 box3 盒子没有设置浮动属性，它将受到 box1 盒子和 box2 盒子浮动的影响，被 box1 盒子和 box2 盒子覆盖。下面在例 5-2 的基础上将 box3 盒子的 clear 属性的属性值设置为 left，CSS 代码如下。

```
#box3{clear: left;}              /*定义 box3 盒子清除左浮动*/
```

刷新页面，效果如图 5-6 所示。从图 5-6 中可以看出，清除 box3 盒子的左浮动后，box3 盒子不再受 box1 盒子和 box2 盒子浮动的影响，而是按照自身的排列方式，排在了 box1 盒子和 box2 盒子的下面。

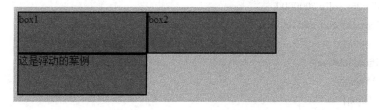

图 5-6 box3 盒子的 clear 属性的属性值设置为 left 的效果

如果盒子受到了向左浮动的影响，那么需要设置 clear:left 清除浮动；如果盒子受到了向右浮动的影响，那么需要设置 clear:right 清除浮动；我们也可以不考虑盒子是受左还是受右浮动的影响，只要盒子受到了浮动影响，就可以设置 clear:both 清除浮动。另外，除了可以通过设置 clear 属性清除浮动，还可以通过将 overflow（溢出）属性的属性值设置为 hidden（隐藏）清除浮动，即 overflow:hidden。

实践应用：我们通常利用清除浮动属性来消除浮动对与它相邻的那些没有设置浮动的元素产生的影响。

5.2.3 元素的位置定位属性 position

与浮动相比，位置定位的布局方式更加准确、易控制。position 是 CSS 的一个属性，常用的属性值有 4 个，分别是 static（静态定位）、relative（相对定位）、absolute（绝对定位）和 fixed（固定定位）。

1. static（静态定位）

静态定位是各元素在 HTML 文档流中默认的位置，也就是说，即使元素没有设置 position:static，元素在文档流中也会有默认位置。

2. relative（相对定位）

设置相对定位的元素以其原始位置为基准进行定位，通过 CSS 的 4 个边偏移属性能够改变该元素的位置，分别是 top（上侧偏移量）、bottom（下侧偏移量）、left（左侧偏移量）、right（右侧偏移量），但该元素仍然保留其在原始文档流中的位置。下面通过例 5-3 对相对定位进行讲解。

例 5-3　　example5-3.html

```
1   <!DOCTYPE html>
2   <html>
3     <head>
4       <meta charset="UTF-8" />
5       <title></title>
6       <style type="text/css">
7         body{background-color:#a0c0c1;}
8         #box{                              /*定义父元素 box 盒子的样式*/
9             width: 300px;
10            height: 300px;
11            background-color: #faec07;}
12        #box1,#box2,#box3{                 /*定义 box1、box2、box3 盒子的样式*/
13            width:200px;
14            height:60px;
15            border:2px solid #000000;
16            background-color:#ff1e00;}
17        #box2{                             /*定义 box2 盒子的相对定位*/
18            position: relative;
19            top:150px;
20            left: 50px;}
21      </style>
22    </head>
23    <body>
24      <div id="box">
25        <div id="box1">box1</div>
26        <div id="box2">box2</div>
27        <div id="box3">box3</div>
28      </div>
29    </body>
30  </html>
```

保存并运行上述代码，效果如图 5-7 所示。从图 5-7 中可以看出，设置了相对定位的 box2 盒子，相对其原始位置左偏移了 50px，上偏移了 150px，但仍然保留了它在原始文档流中的位置。

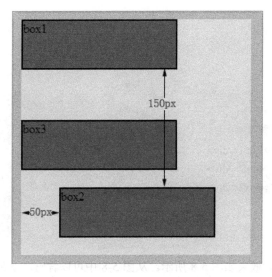

图 5-7 box2 盒子设置相对定位的效果

3. absolute（绝对定位）

设置绝对定位的元素将以离它最近的父元素为基准进行定位，脱离标准文档流，但前提是其父元素已经设置了相对、绝对或固定定位，如果所有的父元素都没有设置定位，则以根元素 body 为基准进行定位，通过 CSS 的 4 个边偏移属性（top、bottom、left、right）能够改变元素的位置。下面通过例 5-4 对绝对定位进行讲解。

例 5-4   example5-4.html

```
1   <!DOCTYPE html>
2   <html>
3    <head>
4       <meta charset="UTF-8" />
5       <title></title>
6       <style type="text/css">
7       body{background-color:#a0c0c1;}
8       #box{                           /*定义父元素 box 盒子的样式*/
9           width: 300px;
10          height: 300px;
11          background-color: #faec07;
12          position: relative;         /*定义父元素 box 盒子相对定位*/
13      }
14      #box1,#box2,#box3{              /*定义 box1、box2、box3 盒子的样式*/
15          width:200px;
16          height:60px;
17          border:2px solid #000000;
18          background-color:#ff1e00;
19      }
20      #box2{                          /*定义 box2 盒子绝对定位*/
21          position: absolute;
```

```
22              top:150px;
23              left: 50px;
24          }
25      </style>
26  </head>
27  <body>
28      <div id="box">
29          <div id="box1">box1</div>
30          <div id="box2">box2</div>
31          <div id="box3">box3</div>
32      </div>
33  </body>
34  </html>
```

保存并运行上述代码，效果如图 5-8 所示。从图 5-8 中可以看出，设置了绝对定位的 box2 盒子，相对其设置了相对定位的父元素 box 盒子左偏移了 50px，上偏移了 150px，并没有保留它在原始文档流中的位置。

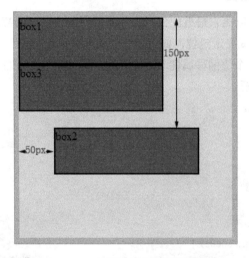

图 5-8　box2 盒子设置绝对定位的效果

4. fixed（固定定位）

设置固定定位的元素将以 body 根元素为基准进行定位，脱离标准文档流，无论浏览器窗口大小怎样变化，该元素始终显示在浏览器窗口的固定位置，通过 CSS 的 4 个边偏移属性（top、bottom、left、right）能够改变元素的位置。下面通过例 5-5 对固定定位进行讲解。

例 5-5　example5-5.html

```
1   <!DOCTYPE html>
2   <html>
3       <head>
4           <meta charset="UTF-8" />
5           <title></title>
6           <style type="text/css">
```

```
7       body{background-color:#a0c0c1;}
8       #box{                              /*定义父元素 box 盒子的样式*/
9           width: 300px;
10          height: 300px;
11          background-color: #faec07;
12      }
13      #box1,#box2,#box3 {                /*定义 box1、box2、box3 盒子的样式*/
14          width:200px;
15          height:60px;
16          border:2px solid #000000;
17          background-color:#ff1e00;
18      }
19      #box2{                             /*定义 box2 盒子固定定位*/
20          position: fixed;
21          top:150px;
22          left: 50px;
23      }
24      </style>
25    </head>
26    <body>
27      <div id="box">
28          <div id="box1">box1</div>
29          <div id="box2">box2</div>
30          <div id="box3">box3</div>
31      </div>
32    </body>
33    </html>
```

保存并运行上述代码，效果如图 5-9 所示。从图 5-9 中可以看出，设置了固定定位的 box2 盒子，相对浏览器窗口左偏移了 50px，上偏移了 150px，并没有保留它在原始文档流中的位置。无论缩小或放大浏览器窗口，box2 盒子始终保持在距离浏览器窗口上方 150px，左侧 50px 的位置。

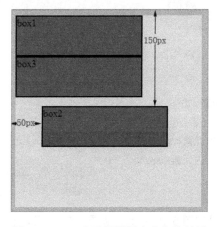

图 5-9　box2 盒子设置固定定位的效果

5. z-index（堆叠顺序属性）

网页中如果有多个元素设置了定位，这些定位元素将会出现重叠的效果，那么就需要通过设置这些定位元素的 z-index 属性来指定哪个定位元素在上，哪个定位元素在下。z-index 属性的属性值可以设置为负整数、0（默认值）和正整数，取值越大，定位元素就越居上。

实践应用：我们通常利用绝对定位制作二级或三级导航栏，以及 banner 上的漂浮文字或图片部分，利用固定定位制作网页的漂浮广告。

5.2.4 元素的类型转换

HTML 元素分为两种：块元素（block）和行内元素（inline）。

块元素总是独占一行，能够设置其宽度、高度、padding、margin 和 border 属性，默认宽度是离其最近的父元素宽度的 100%。常用的块元素有 div、p、h1～h6、ul、li、form 等。

行内元素不能独占一行，要与其他元素在同一行显示，常用的行内元素有 span、a、input、strong、em、img 等，大多数行内元素的宽度、高度和上/下 margin 不能设置。下面通过例 5-6 对比块元素与行内元素。

例 5-6　example5-6.html

```
1   <!DOCTYPE html>
2   <html>
3    <head>
4       <meta charset="UTF-8" />
5       <title></title>
6       <style type="text/css">
7       body{background-color:#a0c0c1;}
8       #box1,#box2,#box3,#box4{        /*定义 box1、box2、box3、box4 盒子的样式*/
9           width:200px;
10          height:60px;
11          border:2px solid #000000;
12          background-color:#ff1e00;
13          margin: 20px;
14          padding: 5px;
15          }
16      </style>
17   </head>
18   <body>
19       <div id="box1">我是块元素</div>
20       <div id="box2">我也是块元素</div>
21       <span id="box3">我是行内元素</span>
22       <span id="box4">我也是行内元素</span>
23   </body>
24   </html>
```

保存并运行上述代码，效果如图 5-10 所示。从图 5-10 中可以看出，box1 和 box2 块元素都独占一行，它们的宽度、高度、边框、背景颜色、内边距和外边距都被改变了，而 box3 和 box4 行内元素却不能独占一行，它们的宽度、高度、外上边距和外下边距都没有被改变，仅改变了边框、背景颜色和内边距。

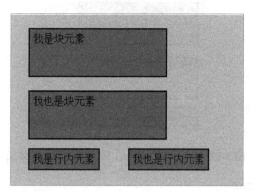

图 5-10　块元素与行内元素对比效果

如果块元素需要具有行内元素的特性，或者行内元素需要具有块元素的特性，那么可以通过设置元素的 display 属性进行元素类型的转换。display 属性常用的属性值有 4 个，分别是 inline（元素转换为行内元素，行内元素的默认值）、block（元素转换为块元素，块元素的默认值）、inline-block（元素转换为行内元素，但能对其设置宽、高等属性）、none（元素不显示，被隐藏，不占有空间位置）。下面分别对 display 属性的 4 个属性值进行讲解。

1. display:inline

在例 5-6 的基础上，将块元素 box2 转换为行内元素，CSS 代码如下。

`#box2{display: inline;}`　　　　`/*将块元素 box2 转换为行内元素*/`

保存并刷新页面，效果如图 5-11 所示。从图 5-11 中可以看出，块元素 box2 转换为了行内元素，具有行内元素的特性。

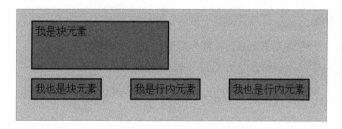

图 5-11　将块元素 box2 转换为行内元素的效果（1）

2. display:block

在例 5-6 的基础上，将行内元素 box3 转换为块元素，CSS 代码如下。

`#box3{display: block;}`　　　　`/*将行内元素 box3 转换为块元素*/`

保存并刷新页面，效果如图 5-12 所示。从图 5-12 中可以看出，行内元素 box3 转换为了块元素，具有块元素的特性。

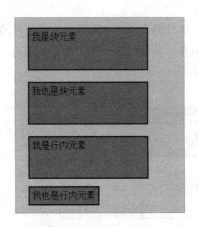

图 5-12　将行内元素 box3 转换为块元素的效果

3. display:inline-block

在例 5-6 的基础上，将块元素 box2 转换为行内元素，CSS 代码如下。

`#box2{display: inline-block;}　　/*将块元素 box2 转换为行内元素*/`

保存并刷新页面，效果如图 5-13 所示。从图 5-13 中可以看出，块元素 box2 转换为了行内元素，不能独占一行，但能设置高度、宽度、外上边距和外下边距。

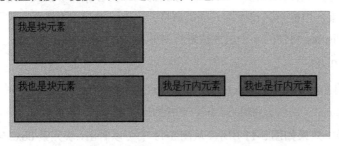

图 5-13　将块元素 box2 转换为行内元素的效果（2）

4. display:none

在例 5-6 的基础上，将块元素 box2 设置为隐藏，CSS 代码如下。

`#box2{display:none;}　　/*将块元素 box2 设置为隐藏*/`

保存并刷新页面，效果如图 5-14 所示。从图 5-14 中可以看出，块元素 box2 不显示，被隐藏起来了。

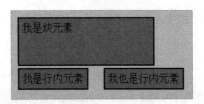

图 5-14　将块元素 box2 设置为隐藏的效果

实践应用：我们通常利用 display:none 制作汉堡菜单，利用元素的类型转换制作导航栏或 banner 的切换按钮、图标等。

5.3 项目分析

5.3.1 页面结构分析

页面结构如图 5-15 所示。

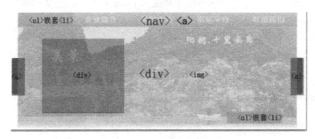

图 5-15　页面结构

通过观察图 5-15，我们发现页面的主体结构由导航栏和 banner 两个版块组成。
- 导航栏：使用 HTML 结构标记<nav>布局导航栏，其中嵌套列表标记<ul><li>用于布局横向导航栏，导航栏选项由超链接标记<a>实现，如图 5-15 所示。
- banner：使用盒标记<div>布局 banner，其中嵌套图像标记<img>，用于设置 banner 的背景图像；嵌套盒标记<div>，用于设置 banner 的文字描述部分；嵌套超链接标记<a>，用于设置两侧的切换按钮；嵌套列表标记<ul><li>，用于设置切换小图标，如图 5-15 所示。

5.3.2 样式分析

- 导航栏：嵌套列表标记<ul><li>，使用 float 属性布局横向导航栏。
- banner：嵌套盒标记<div>设置 banner 文字描述部分的位置时要使用 position 属性，嵌套超链接标记<a>设置两侧的切换按钮位置时，要使用元素的类型转换将行内元素转换为块元素并设置浮动，嵌套列表标记<ul><li>设置切换小图标的位置时，要使用元素的类型转换将块元素转换为行内元素，或者设置浮动。

5.4 项目实践

5.4.1 制作页面结构

1. 制作导航栏

```
1  <nav>
2      <ul>
3          <li><a href="#">网站首页</a></li>
4          <li><a href="#">企业简介</a></li>
5          <li><a href="#">新闻中心</a></li>
6          <li><a href="#">招标平台</a></li>
7          <li><a href="#">联系我们</a></li>
```

```
8           </ul>
9       </nav>
```

> **2. 制作 banner**

```
1   <div id="banner">
2       <img src="img/11.jpg" />              /*插入 banner 背景图像*/
3       <div id="banner-info">                /*插入 banner 文字描述*/
4           <p>美景</p>
5           <p class="green">一路相伴</p>
6       </div>
7       <a href="#"class="left">&lt;</a>      /*插入两侧的切换按钮*/
8       <a href="#" class="right">&gt;</a>
9       <ul>                                  /*插入切换小图标*/
10          <li></li>
11          <li></li>
12          <li></li>
13      </ul>
14  </div>
```

5.4.2 定义 CSS 样式

> **1. 定义全局样式**

```
*{ margin: 0px; padding: 0px;}              /*初始化页面*/
ul li{list-style-type:none;}                /*定义全局样式 li，去掉列表前的小黑点*/
a{text-decoration: none;}                   /*定义全局样式 a，去掉下画线*/
```

> **2. 定义导航栏的样式**

```
nav{ width: 550px; margin:0 auto;}
nav ul li{
        float: left;
        width:110px;
        height: 30px;
        line-height: 30px;
        text-align: center;
        background-image: linear-gradient(180deg,#b2d1dc,#346b7e);}
nav ul li a{
        font-size: 14px;
        color:#ffffff;
        font-weight: bolder;
        letter-spacing: 2px;}
```

设置导航栏在浏览器窗口左右水平居中，与其他网页元素的上下间距是 0，需要将 margin 属性的属性值设置为 0 auto。另外，横向导航栏 CSS 设置的核心是将 li 元素设置成向左或向右浮动。

> **3. 定义 banner 最外层盒子的样式**

```
#banner{
```

```
        width: 550px;
        height: 190px;
        clear: both;
        position:relative;
        margin:0 auto ; }
```

由于在 banner 版块需要设置绝对定位的切换小图标、切换按钮和文字描述部分，因此，要将最外层盒子设置成相对定位。

▶ **4. 定义文字描述部分的样式**

```
#banner-info{
        width: 160px;
        height: 140px;
        background-color: #a9adac;
        opacity:0.7;
        position:absolute;
        left: 50px;
        top:25px ; }
#banner-info p{
        font-family: "楷体";
        font-size: 30px;
        font-weight: bolder;
        color: #FFFFFF;
        margin:20px 10px ; }
#banner-info .green{
        font-family: "楷体";
        font-size: 22px;
        color:#104c06;
        margin: 20px 5px;
        text-align: right ;}
```

文字描述部分的盒子要脱离标准文档流并且不占据原始文档流的空间，那么就需要将该盒子设置成绝对定位，并通过 left、top 确定具体的位置。

▶ **5. 定义切换按钮部分的样式**

```
#banner a{                         /*整体控制左右两边的切换按钮*/
        display:block;
        float:left;
        width:25px;
        height:70px;
        line-height:70px;
        background:#333;
        opacity:0.7;              /*设置元素的不透明度*/
        text-align:center;
        border-radius:4px;
        cursor:pointer;           /*把鼠标指针变成小手的形状*/
```

```
        color:#f8fbfc;}
#banner .left{                    /*控制左边切换按钮的位置*/
        position:absolute;
        left:-12px;
        top:60px;}
#banner .right{                   /*控制右边切换按钮的位置*/
        position:absolute;
        right:-12px;
        top:60px;}
```

切换按钮需要实现链接功能,并且能设置宽度、高度和浮动,因此,选择将 a 元素转换为块元素来实现。另外,切换按钮部分的盒子要脱离标准文档流并且不占据原始文档流的空间,那么就需要将 a 元素设置为绝对定位,并通过 left、top、right 确定具体的位置。

6. 定义 banner 的切换小图标的样式

```
#banner ul{                       /*整体控制 banner 的切换小图标*/
        width:110px;
        height:20px;
        line-height:20px ;
        background:#333;
        opacity:0.5;
        border-radius:8px;
        position:absolute;
        right:30px;
        bottom:5px;
        text-align:center;}
#banner ul li{                    /*控制每个切换小图标*/
        width:10px;
        height:10px;
        background:#ccc;
        border-radius:50%;
        display:inline-block;}
```

切换小图标部分的盒子要脱离标准文档流并且不占据原始文档流的空间,那么就需要将 ul 元素设置为绝对定位,并通过 right、bottom 确定具体的位置。此外,各个切换小图标需要横向显示,则可以通过设置 display 属性的属性值为 inline-block 或者设置 float 属性的属性值为 left 来实现。

5.5 项目总结

通过本项目的学习,读者能够理解元素的浮动属性,学会为元素设置浮动样式,掌握清除浮动的方法,并学会为元素设置位置定位,学会转换元素类型的方法。

项目 6　制作信息注册页面

6.1　项目描述

注册、登录页面是 Web 应用中最基础的一环。用户打开网站可能第一步就是注册页面。注册作为一项基础功能，使用场景一般是用户初次使用应用，属于相对低频次的操作，一般会关联到产品内的个人资料和设置模块。大部分的 Web 应用都是需要注册、登录的。本项目使用 form 表单元素及属性制作一个信息注册页面，项目制作过程中也将回顾 HTML5 的基本元素及 CSS3 的相关知识。项目效果如图 6-1 所示。

图 6-1　项目效果

6.2　前导知识

6.2.1　表单概述

网站怎样与用户进行交互？答案是使用 HTML 表单（form）。HTML 提供了许多可以一起使用的元素，这些元素用来创建一个用户可以填写并提交到网站或应用程序的表单。在动态网页技术中，表单是十分重要的，用户与服务器的交互就是通过表单来完成的。原则上所有的表单标记都要放置在<form>标记中。

HTML 表单是由一个或多个小部件组成的。这些小部件可以是文本字段（单行或多行）、按钮、复选框或单选按钮。HTML 表单和常规 HTML 文档的主要区别在于，在大多数情况下，表单收集的数据被发送到 Web 服务器。在这种情况下，就需要设置一个 Web 服务器来接收和处理数据。通过表单把用户输入的数据传送到服务器端，这样服务器端程序就可以处理表单传送过来的数据。下面通过例 6-1 对表单进行讲解。

例 6-1　example6-1.html

```
1   <!DOCTYPE html>
2   <html>
3
4       <head>
5           <meta charset="UTF-8">
6           <title>第一个 HTML 表单示例</title>
7           <style type="text/css">
8               form {
9                   display: table;
10              }
11
12              div.form-example {
13                  display: table-row;
14              }
15
16              label,
17              input {
18                  display: table-cell;
19                  margin-bottom: 10px;
20              }
21
22              label {
23                  padding-right: 10px;
24              }
25          </style>
26      </head>
27
28      <body>
29          <form action=" send.php " method="get">
30              <div class="form-example">
31                  <label for="name">用户昵称：</label>
32                  <input type="text" name="nickname" id="nickname" required>
33              </div>
34              <div class="form-example">
35                  <label for="email">邮箱地址：</label>
36                  <input type="email" name="mail" id="mail" required>
37              </div>
38              <div class="form-example">
39                  <input type="submit" value="发送信息">
40              </div>
41          </form>
42      </body>
```

43
44 </html>

在例 6-1 中，form 元素表示 HTML 文档中的一个区域，此区域包含交互控制元件，用来向 Web 服务器提交信息。基本的表单格式如下。

<form action="服务器文件" method="传送方式" >
</form>

所有的 HTML 表单都由一个<form>标记开始，<form>标记是成对出现的，由<form>标记开始，以</form>标记结束。这个标记正式定义了一个表单。就像<div>标记或<p>标记，它是一个容器标记，但它也支持使用一些特定的属性来配置表单的行为方式。它的所有属性都是可选的，但在实践中至少要设置 action 属性和 method 属性。

其中，action 属性表示输入的数据被传送到的地方，也就是在提交表单时，应该把所收集的数据送给谁处理，比如，例 6-1 中的 PHP 页面（send.php）。method 属性表示数据传送的方式，也就是发送数据的 HTTP 方法（它可以是"get"或"post"）。一般来说，所有表单控件（输入框、文本域、按钮、单选按钮、复选框等）都必须放在<form>标记和</form>标记之间。example6-1.html 运行效果如图 6-2 所示。

图 6-2　example6-1.html 运行效果

6.2.2　表单元素及属性

常用的表单元素包含 label、input、button 等，具体描述如表 6-1 所示。

表 6-1　常用的表单元素及描述

元素	描述
label	label 元素表示对用户界面中某个元素的说明
input	input 元素用于为基于 Web 的表单创建交互式控件，以便接收来自用户的数据
button	button 元素表示一个可单击的按钮，可以用在表单或文档其他需要使用简单标准按钮的地方
fieldset	fieldset 元素可将表单内的相关元素分组
legend	legend 元素用于表示它的父元素 fieldset 的内容的标题
textarea	textarea 元素表示一个多行纯文本编辑控件
select	select 元素表示一个控件，提供一个选项列表
option	option 用于定义在 select 或 datalist 元素中包含的项

1. 输入框和按钮

当用户需要在表单中输入字母、数字等内容时，就会用到 input 元素，input 元素一般用于搜集用户信息。根据不同的 type 属性值，输入框包含多种类型：文本输入框、密码输入框、单选按钮、复选框、按钮等。其语法格式如下。

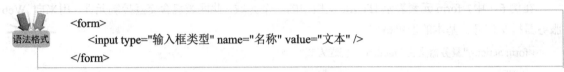
```
<form>
    <input type="输入框类型" name="名称" value="文本" />
</form>
```

其中，type 属性代表输入框的类型，当 type="text" 时，输入框为文本输入框；当 type="password" 时，输入框为密码输入框。name 属性用于为输入框命名，以备后台程序使用。value 属性表示输入框的默认值。下面通过例 6-2 对输入框和按钮进行讲解。

例 6-2　example6-2.html

```
1  <!DOCTYPE html>
2  <html>
3
4      <head>
5          <meta charset="UTF-8">
6          <title>常用表单元素</title>
7          <style type="text/css">
8              form {
9                  /*居中表单*/
10                 margin: 0 auto;
11                 width: 400px;
12                 /*显示表单的轮廓*/
13                 padding: 1em;
14                 border: 1px solid #CCC;
15                 border-radius: 1em;
16             }
17
18             form h2 {
19                 color: #C0C4CC;
20             }
21
22             form div+div {
23                 margin-top: 5px;
24             }
25
26             form div {
27                 font-size: 16px;
28                 padding: 5px;
29             }
30
31             #login_name,
32             #login_pwd {
33                 width: 240px;
```

```
34                    padding: 5px;
35                }
36
37            label {
38                display: inline-block;
39                width: 90px;
40                text-align: right;
41            }
42
43            .btn_submit {
44                padding-left: 100px;
45            }
46        </style>
47    </head>
48
49    <body>
50        <form action="#" method="post">
51            <h2>用户登录</h2>
52            <div class="form-example">
53                <div class="login_name">
54                    <label for="login_name">用户名：</label>
55                    <input type="text" name="login_name" id="login_name"
56                        placeholder="请输入用户名" />
57                </div>
58                <div class="login_pwd">
59                    <label for="login_pwd">密码：</label>
60                    <input type="password" name="login_pwd" id="login_pwd"
61                        placeholder="请输入密码" />
62                </div>
63                <div class="btn_submit">
64                    <input type="submit" name="btn_login" value="登录" />
65                </div>
66            </div>
67        </form>
68    </body>
69
70 </html>
```

保存并运行上述代码，效果如图 6-3 所示。在代码中使用 div 元素可以更加方便地构造代码，并且更容易样式化。

图 6-3　example6-2.html 运行效果

在例 6-2 中，我们用到了 label 元素、文本输入框、密码输入框及提交按钮。下面详细讲解这几个控件的用法。

label 元素表示对用户界面中某个元素的说明。label 元素不会向用户呈现任何特殊效果，它的作用是为用户改进可用性。如果用户在 label 元素内单击文本，就会触发此控件。也就是说，当用户单击该 label 元素时，浏览器就会自动将焦点转到和该元素相关的表单控件上（自动选中和该 label 元素相关联的表单控件）。它的使用方式如下。

```
<label for="login_name">用户名：</label>
<input type="text" name="login_name" id="login_name" placeholder="请输入用户名" />
```

将一个 label 元素和一个 input 元素放在一起会有一些好处：用户除了可以单击 input 元素获得焦点，还可以单击关联的 label 元素来激活控件。在本例中，单击文字"用户名"也可以让 input 元素获得焦点，这种方式为激活 input 元素提供了方便，包括那些具有触摸屏功能的设备。如果想要将一个 label 元素和一个 input 元素匹配在一起，则用户需要给 input 元素一个 id 属性，而 label 元素需要一个 for 属性，其值和 input 元素的 id 一样。另外，用户也可以将 input 元素直接放在 label 元素中，这种情况就不需要 for 属性和 id 属性了，因为这时关联是隐含的。

```
<label>用户名：
    <input type="text" name="login_name" placeholder="请输入用户名" />
</label>
```

在 input 元素中，最重要的属性是 type 属性。因为它定义了 input 元素的行为方式。它可以从根本上改变元素。在例 6-2 中，我们使用值 text（默认值），作为第一个输入。它表示一个基本的单行文本字段，接受任何类型的文本输入。通过将 type 属性的属性值设置为 password 来设置第二个输入，该类型不会为输入的文本添加任何特殊的约束，但是它会使用其他符号（例如，点或小星星）代替输入到字段中的值，这样输入的文本就不能被其他人读取，如图 6-4 所示。

图 6-4　type 属性值为 password 的输入效果

在表单中包含两种按钮，分别为提交按钮和重置按钮。当用户需要提交表单信息到服务器时，需要用到提交按钮。用户可以使用相应类型的 input 元素来生成一个按钮，在 input 元素中 type 属性的属性值定义为 submit 的按钮会发送表单的数据到 form 元素的 action 属性所定义的网页中。只有当 type 属性的属性值设置为 submit 时，按钮才有提交作用，submit 的使用方法如下。

`<input type="submit" name="" value=" " />`

当用户需要重置表单信息到初始时的状态时，比如，用户输入"用户名"后，发现书写有误，可以使用重置按钮使输入框恢复到初始状态。只需要把 type 属性的属性值设置为 reset 即可。单击 type 属性的属性值定义为 reset 的按钮，则将所有表单控件重新设置为它们的默认值。只有当 type 属性的属性值设置为 reset 时，按钮才有重置作用，value 的值表示按钮上显示的文字，reset 的使用方法如下。

`<input type="reset" name="" value=" " />`

在 input 元素中还可以将 type 属性的属性值设置为 button 来创建按钮，这是 input 元素的特殊版本，用来创建一个没有默认值的可单击按钮。单击 type 属性的属性值定义为 button 的按钮，会发现没有任何反应，我们可以使用 JavaScript 来自定义按钮的动作。button 的使用方法如下。

`<input type="button" name="" value=" ">`

这种方式已经在 HTML5 中被<button>标记取代。<button>标记也表示一个可单击的按钮，可以用在表单或文档其他需要使用简单标准按钮的地方。对于 button 元素来说，它也接受一个 type 属性，它接受 submit、reset 或 button 三个值中的任意一个。button 元素与 input 元素的区别是，input 元素只允许纯文本作为其标签，而 button 元素允许更复杂、更有创意的完整的 HTML 内容作为其标签。它的使用方法如下。

`<button name=" ">按钮</button>`

2. 单选按钮、复选框、下拉列表框

在使用表单设计用户信息时，为了减少用户的操作，可以使用选择框。HTML 中有两种选择框，分别是单选按钮和复选框，两者的区别是在单选按钮中用户只能选择其中一项，而在复选框中用户可以选择一项或多项，甚至全选。选择框也属于<input>标记的一种，使用方法如下。

`<input type="radio/checkbox" value=" " name=" " checked="checked"/>`

其中，type="radio"表示此控件是一个单选按钮。一般使用 value 属性定义此控件被提交时的值。checked="checked"表示控件是否默认被选择。在同一个单选按钮组中，所有单选按钮的 name 属性使用同一个值；一个单选按钮组中同一时间只有一个单选按钮可以被选择。type="checkbox"表示复选框，与单选按钮一样，value 属性定义此控件提交到服务器的值，当设置 checked="checked"时，该选项被默认选中。

下拉列表框在网页中也经常会用到，它可以有效地节省网页空间。既可以单选又可以多选。它使用<select>标记，使用方法如下。

```
<select name=" " id=" ">
    <option value="提交值">选项</option>
</select>
```

其中，value 的值是向服务器提交的值，而<option>标记和</option>标记之间的选项值是在页面上显示的值。设置 selected="selected"，则该选项被默认选中。下面通过例 6-3 对单选按钮、复选框、

下拉列表框进行讲解。

例 6-3　example6-3.html

```
1   <!DOCTYPE html>
2   <html>
3
4       <head>
5           <meta charset="UTF-8">
6           <title>常用表单元素</title>
7           <style type="text/css">
8               form {
9                   margin: 0 auto;
10                  max-width: 600px;
11              }
12
13              form div+div {
14                  margin-top: .5em;
15              }
16
17              form legend {
18                  font-size: 16px;
19                  font-weight: bold;
20              }
21
22              #addr {
23                  width: 150px;
24                  padding: 5px;
25              }
26          </style>
27      </head>
28
29      <body>
30          <form action="#" method="post">
31              <fieldset>
32                  <legend>基本信息</legend>
33                  <div>昵称：<span>apple</span></div>
34                  <div>性别：</div>
35                  <div>
36                      <input type="radio" name="gender" id="male" value="1" />
37                      <label for="male">男生</label>
38                      <input type="radio" name="gender" id="female" value="0" />
39                      <label for="female">女生</label>
40                  </div>
41                  <div>关注领域：</div>
```

```
42                    <div>
43                        <input type="checkbox" name="tag" id="tg_0" value="travel" />
44                        <label for="tg_0">旅游</label>
45                        <input type="checkbox" name="tag" id="tg_1" value="tech" />
46                        <label for="tg_1">科技</label>
47                        <input type="checkbox" name="tag" id="tg_2" value="literature" />
48                        <label for="tg_2">文学</label>
49                        <input type="checkbox" name="tag" id="tg_3" value="food" />
50                        <label for="tg_3">美食</label>
51                    </div>
52                    <div>
53                        <label for="addr">所在地：</label>
54                        <select name="addr" id="addr">
55                            <option value="0" selected>---请选择---</option>
56                            <option value="1">北京</option>
57                            <option value="2">上海</option>
58                            <option value="3">广州</option>
59                            <option value="4">深圳</option>
60                        </select>
61                    </div>
62                </fieldset>
63
64            </form>
65        </body>
66
67 </html>
```

保存并运行上述代码，效果如图 6-5 所示。

图 6-5　example6-3.html 运行效果

本例用到了单选按钮、复选框和下拉列表框。在使用单选按钮时，需要注意同一组单选按钮 name 的取值需要一致，比如，本例中设置为同一个名称"gender"，这样同一组的单选按钮才可以起到单选的作用。

下拉列表框<select>标记也可以进行多选操作，在<select>标记中设置 multiple="multiple"，就可以实现多选功能。在 Windows 下，按住 Ctrl 键的同时单击（在 macOS 下按住 Command 键的同时单击），可以选择多个选项。在例 6-3 中第 61 行代码之后添加如下代码。

```
1   <div>
2       <label for="pet">喜欢的宠物：</label>
3       <select name="pets" id="pets" multiple="multiple">
4           <option value="1">猫咪</option>
5           <option value="2">丁丁狗</option>
6           <option value="3">金鱼</option>
7           <option value="4">小兔子</option>
8       </select>
9   </div>
```

我们给<select>标记设置 multiple 属性之后，就可以选择多个喜欢的宠物，效果如图 6-6 所示。

图 6-6　<select>标记添加 multiple 属性的效果

在例 6-3 中还用到了<fieldset>标记和<legend>标记，<fieldset>标记可将表单内的相关元素分组。它可以将表单内容的一部分打包，生成一组相关表单的字段。当一组表单元素放到<fieldset>标记内时，浏览器会以特殊的方式来显示它们，它们可能有特殊的边界、3D 效果，我们甚至可以创建一个子表单来处理这些元素。<legend>标记为<fieldset>标记定义标题。<fieldset>标记和<legend>标记的使用方式如下。

```
<fieldset>
    <legend>标题</legend>
    <!--其他表单控件-->
</fieldset>
```

3. 文本域和文件输入控件

当用户需要在表单中输入大段文字时，需要用到文本域。<textarea>标记表示一个多行纯文本编辑控件，它的用法如下。

```
<textarea name=" " rows="行数" cols="列数">文本</textarea>
```

<textarea>标记是成对出现的，由<textarea>标记开始，以</textarea>标记结束。cols 表示多行文本域的列数，rows 表示多行文本域的行数，在<textarea><标记和/textarea>标记之间可以输入默认值。<textarea>标记与<input>标记是有区别的，<input>标记是一个空元素，这意味着它不需要关闭标记。相反地，<textarea>标记不是一个空元素，因此必须使用适当的结束标记来关闭它。要定义<input>标

记的默认值，必须使用 value 属性，如下所示。

<input type="text" value="默认值" />

而如果想定义<textarea>标记的默认值，只需在它的开始和结束标记之间放置默认值即可，如下所示。

<textarea>默认值</textarea>

在<input>标记中设置 type 属性的属性值为 file，使得用户可以选择一个或多个元素以提交表单的方式上传到服务器上，或者通过 JavaScript 的 File API 对文件进行操作，使用方式如下。

<input type="file" id=" " name=" " >

如果不希望用户上传任何类型的文件，则可以使用<input>标记的 accept 属性，accept 属性接受一个以逗号分隔的 MIME 类型字符串，如 accept="image/png, image/jpeg" 或 accept=".png, .jpeg"表示可以接受 JPEG/ PNG 类型的文件，而 accept="image/*"表示可以接受任何类型的文件。下面通过例 6-4 对文本域和文件输入控件进行讲解。

例 6-4　example6-4.html

```
1    <!DOCTYPE html>
2    <html>
3
4        <head>
5            <meta charset="UTF-8">
6            <title>常用表单元素</title>
7            <style type="text/css">
8                form {
9                    margin: 0 auto;
10                   max-width: 600px;
11               }
12
13               form div+div {
14                   margin-top: .5em;
15               }
16
17               form legend {
18                   font-size: 16px;
19                   font-weight: bold;
20               }
21
22               #nickname {
23                   box-sizing: border-box;
24                   width: 400px;
25                   padding: 5px;
26               }
27
28               #intro {
```

```
29                    box-sizing: border-box;
30                    width: 400px;
31                    height: 100px;
32                }
33
34            .btn {
35                    margin-top: 10px;
36                    text-align: center;
37                }
38
39            .btn input {
40                    padding: 5px 20px;
41                }
42        </style>
43    </head>
44
45    <body>
46        <form action="#" method="post">
47            <fieldset>
48                    <legend>申请者信息</legend>
49                    <div>
50                        <label for="name">您的昵称：</label>
51                        <input type="text" name="nickname" id="nickname">
52                    </div>
53                    <div>
54                        <label for="intro">自我介绍：</label>
55                        <textarea name="intro" rows="4" cols="30" id="intro"></textarea>
56                    </div>
57            </fieldset>
58            <fieldset>
59                    <legend>照片选择</legend>
60                    <label>请选择一张近照：
61                        <input type="file" name="avatar" id="avatar" value=""
62                            accept="image/png, image/jpeg" />
63                    </label>
64            </fieldset>
65            <div class="btn">
66                    <input type="submit" value="提交" />
67                    <input type="reset" value="重置" />
68            </div>
69        </form>
70    </body>
71
72 </html>
```

保存并运行上述代码，效果如图 6-7 所示。

图 6-7 example6-4.html 运行效果

本例用到了文本域和文件输入控件。其中，<textarea>标记可以通过 cols 属性和 rows 属性来规定尺寸，不过更好的办法是使用 CSS 的 height 属性和 width 属性，使表单的样式更美观。在本例中通过 accept="image/png, image/jpeg"指定了接受的文件类型是 PNG/JPEG，在单击"选择文件"按钮之后弹出"打开文件"对话框，会显示满足条件的文件，而其他文件则会自动隐藏。

4. HTML5 新增表单元素

datalist 是 HTML5 新增的表单元素，主要用于自动匹配表单可能输入的值。它包含了一组 option 元素，这些元素表示其他表单控件的可选值。datalist 元素将用户可能输入的值放在 option 列表中，然后使用 list 属性将数据列表绑定到一个文本域（通常是一个 input 元素），当用户在对应的表单中输入的时候，datalist 元素可以根据输入的关键字自动匹配 option 列表中的内容，用户也可以输入 option 列表中不存在的值。它的用法如下。

```
<input type="text" name="myColor" id="myColor" list="mySuggestion">
<datalist id="mySuggestion">
    <option value="自动匹配的内容">
</datalist>
```

如果想将 input 和 datalist 元素匹配在一起，则用户需要给 datalist 元素一个 id 属性。而 input 元素需要一个 list 属性，其值和 datalist 元素的 id 一样。下面通过例 6-5 对 datalist 元素进行讲解。

例 6-5 example6-5.html

```
1   <!DOCTYPE html>
2   <html>
3       <head>
4           <meta charset="UTF-8">
5           <title></title>
6           <style type="text/css">
7               form {
8                   margin: 20px auto;
9                   max-width: 600px;
```

```
10                  }
11              #pet-choice{
12                  width:300px;
13                  padding: 2px;
14              }
15              input[type="submit"]{
16                  padding: 2px 10px;
17                  margin-left: 5px;
18              }
19          </style>
20      </head>
21      <body>
22          <form action="#" method="post">
23              <label for="pet-choice">我最喜爱的宠物：</label>
24              <input list="pets" id="pet-choice" name="pet-choice" />
25              <datalist id="pets">
26                  <option value="猫咪">
27                  <option value="丁丁狗">
28                  <option value="金鱼">
29                  <option value="小兔子">
30                  <option value="小鸟">
31              </datalist>
32              <input type="submit" value="确认" />
33          </form>
34      </body>
35  </html>
```

保存并运行上述代码，效果如图 6-8 所示。

图 6-8　example6-5.html 运行效果

HTML5 还拥有多个新的表单输入类型。这些新类型提供了更好的输入控制和校验方式。input 元素是所有 HTML 元素中最强大也是最复杂的，这主要是它大量的 type 属性和 attribute 属性的相互组合造成的。表 6-2 列出了 input 元素中常用的 type 属性的属性值及描述。

表 6-2 input 元素中常用的 type 属性的属性值及描述

属性值	描述
password	一个值被遮盖的单行文本字段。使用 maxlength 指定可以输入值的最大长度
submit	用于提交表单的按钮
reset	用于将表单所有内容设置为默认值的按钮
button	无默认行为的按钮
radio	单选按钮，使用 value 属性定义控件被提交时的值，使用 checked 属性定义控件是否默认被选择
checkbox	复选框，使用 value 属性定义控件被提交时的值，使用 checked 属性定义控件是否默认被选择
file	此控件可以让用户选择文件。使用 accept 属性定义控件可以选择的文件类型
email	HTML5 新增的用于编辑邮箱的控件
number	HTML5 新增的用于输入浮点数的控件
tel	HTML5 新增的用于输入电话号码的控件，可以使用 pattern 属性和 maxlength 属性来约束控件输入的值
url	HTML5 新增的用于编辑 URL 的控件
search	HTML5 新增的用于输入搜索字符串的单行文本控件。输入文本中的换行会被自动移除
range	HTML5 新增的用于输入不精确值的控件。如果未指定相应的属性，控件使用如下默认值："min:0,max:100, value:min+(max-min)/2"
color	HTML5 新增的用于指定颜色的控件
date pickers	HTML5 新增的可供选取日期和时间的控件

6.2.3 表单校验

当用户访问一个带注册表单的网站时，如果提交的输入信息不符合预期格式，则注册页面会有一个反馈信息，比如，"该字段是必填的"（意思是该字段不能为空）、"请填写正确的手机号码"、"请输入一个合法的邮箱地址"、"密码长度应该是 6 至 20 位的，且至少包含一个大写字母及一个数字"等，这就是表单校验。

表单校验可以通过多种不同的方式实现。在实践中，一般都会使用客户端校验与服务器端校验相结合的方式，以保证数据的正确性与安全性。本书侧重于讲解客户端校验。客户端校验发生在浏览器端，指的是表单数据被提交到服务器之前的校验，这种方式能实时反馈用户输入的校验结果。这种类型的校验可以有两种方式：一种是 JavaScript 校验，这是一种可以完全自定义的实现方式；另一种是 HTML5 内置校验，这种方式不需要使用 JavaScript，而且性能更好，但是不能像 JavaScript 那样可自定义。本节着重讲解使用 HTML5 内置校验的方式。

HTML5 新增的一个功能非常有用，可以在不写 JavaScript 脚本代码的情况下，对用户的输入进行数据校验，这是通过表单元素的校验属性实现的。这些属性可以让用户定义一些规则，用于限定用户的输入，比如，某个输入框是否必须输入，或者某个输入框字符串的最小、最大长度限制，或者某个输入框必须输入一个数字、邮箱地址等，以及数据必须匹配的模式。如果表单中输入的数据都符合这些限定规则，那么表示这个表单校验通过，否则校验未通过。当一个元素校验通过时，该元素可以通过 CSS 伪类 :valid 进行特殊的样式化；当一个元素未校验通过时，该元素可以通过 CSS 伪类 :invalid 进行特殊的样式化。下面通过例 6-6 对表单校验进行讲解。

例 6-6　example6-6.html

```
1    <!DOCTYPE html>
```

```html
2   <html>
3
4       <head>
5           <meta charset="UTF-8">
6           <title></title>
7           <style type="text/css">
8               form {
9                   margin: 30px auto;
10                  width: 480px;
11              }
12
13              input {
14                  width: 280px;
15                  padding: 5px;
16              }
17
18              input:invalid {
19                  /*校验未通过的样式*/
20                  box-shadow: 0 0 1px 1px red;
21              }
22
23              input:focus:invalid {
24                  outline: none;
25              }
26
27              input:valid {
28                  /*校验通过的样式*/
29                  border: 2px solid green;
30              }
31
32              button {
33                  padding: 5px 10px;
34                  margin-left: 10px;
35              }
36          </style>
37      </head>
38
39      <body>
40          <form>
41              <label for="email">邮箱：</label>
42              <input type="email" id="email" name="email" required>
43              <button>确认</button>
44          </form>
45      </body>
```

```
46
47  </html>
```

保存并运行上述代码，效果如图 6-9 和图 6-10 所示。在本例中，设置 input 元素的 type 属性的属性值为 email，并添加属性 required，required 属性会自动校验输入数据是否为空。如果未输入数据，则用户单击"确认"按钮时，会提示"请填写此字段"的错误信息。此外，Chrome 浏览器会自动检测用户输入的邮箱格式是否正确。当用户输入的邮箱格式不正确时，可以通过伪元素:invalid 设置在校验不成功时 input 输入框的样式为红色，并且页面提示"邮箱格式不正确"的错误信息；当输入正确的邮箱格式时，可以通过伪元素:valid 设置 input 输入框的样式为绿色，表单能正常提交。

图 6-9　输入框为空时的校验效果

图 6-10　邮箱输入错误和正确时的校验效果

6.3　项目分析

6.3.1　页面结构分析

有了前导知识作铺垫，接下来我们分析一下如何实现信息注册页面。信息注册页面的主体结构由表单组成。form 表单内有两个表单域 fieldset 和一个 div.commit，分别用来输入账户信息和校验手机验证码并提交。在每个表单域中可以使用 div 元素来布局每一项,如图 6-11 所示。

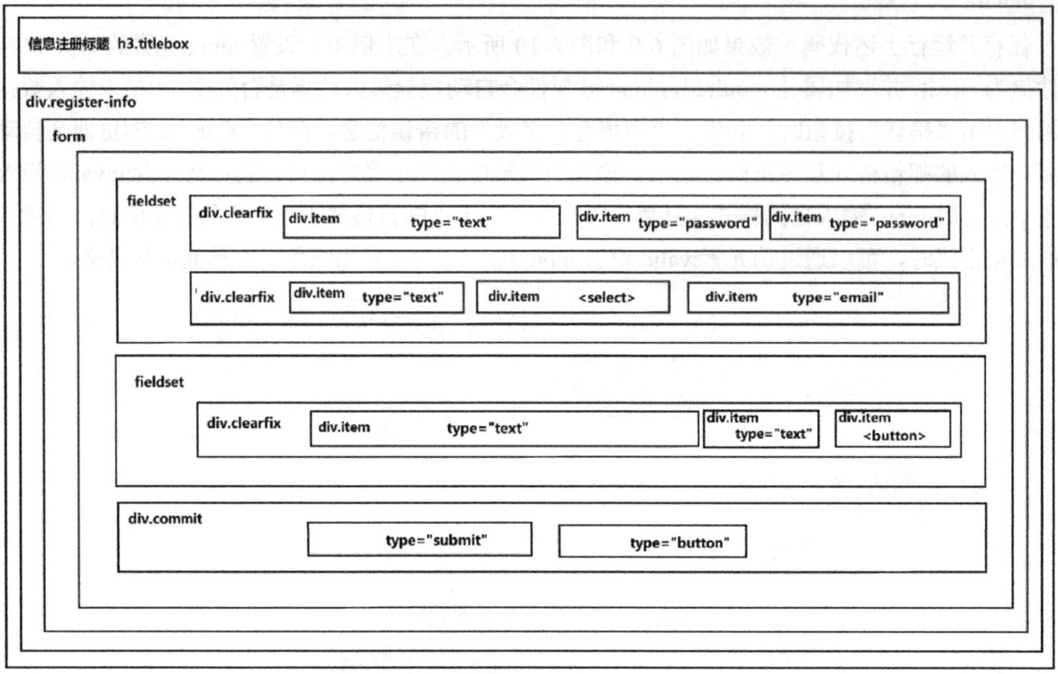

图 6-11 页面结构

6.3.2 样式分析

- 需要设置整个页面布局定宽居中,并重置所有元素的 box-sizing 属性的属性值为 border-box。
- form 表单的 fieldset 元素和 legend 元素样式需要重新调整,默认样式不符合要求。
- fieldset 元素中的每个表单控件放在 div.item 中,每个 div.item 需要设置左浮动排成一行,外层 div 元素需要清除浮动。
- 修改各个表单控件的默认样式以满足项目需求。
- 设置未填写信息的样式、信息填写正确的样式等。
- 对 div.commit(指的是类选择器为 commit 的 div)中的按钮定义样式并设置居中。

6.4 项目实践

6.4.1 制作页面结构

对项目的页面结构和样式有所了解以后,用户即可开始编写代码来制作信息注册页面,该项目的 HTML 代码如下所示。

```
1    <!DOCTYPE html>
2    <html>
3    
4        <head>
```

```
5        <meta charset="UTF-8" />
6        <title>信息注册</title>
7        <link rel="stylesheet" type="text/css" href="css/style.css" />
8      </head>
9
10     <body>
11       <section class="container">
12         <header class="titlebox">
13           <h3>信息注册</h3>
14         </header>
15         <div class="register-info">
16           <form action="#" method="post">
17             <fieldset>
18               <legend>请输入您的账户信息</legend>
19               <div class="clearfix">
20                 <div class="item item_m">
21                   <div class="info_text_d"><span>*</span>用户名（可以是字母、数字、下画线，至少 8 位）</div>
22                   <div class="info_input_d "><input type="text" name="usrname" id="usrname" placeholder="请输入用户名" required /></div>
23                 </div>
24                 <div class="item item_s">
25                   <div class="info_text_d"><span>*</span>密码（6～8 位数字）</div>
26                   <div class="info_input_d"><input type="password" name="psw" id="psw" placeholder="请输入密码" required/></div>
27                 </div>
28                 <div class="item item_s">
29                   <div class="info_text_d"><span>*</span>确认密码（两次输入的密码相同）</div>
30                   <div class="info_input_d"><input type="password" name="repsw" id="repsw" placeholder="请确认密码" required/></div>
31                 </div>
32               </div>
33               <div class="clearfix">
34                 <div class="item item_s">
35                   <div class="info_text_d"><span>*</span>真实姓名</div>
36                   <div class="info_input_d"><input type="text" name="realname" id="realname" placeholder="请输入真实姓名" required/></div>
37                 </div>
38                 <div class="item item_s">
39                   <div class="info_text_d"><span>*</span>证件类型</div>
40                   <div class="info_input_d">
41                     <select name="cardtype">
42                       <option value="1" selected>身份证</option>
```

```
43                              <option value="2">中国人民解放军军官证</option>
44                              <option value="3">普通护照</option>
45                              <option value="4">港澳通行证</option>
46                          </select>
47                      </div>
48                  </div>
49                  <div class="item item_m">
50                      <div class="info_text_d"><span>*</span>邮箱</div>
51                      <div class="info_input_d"><input type="email" name="email" id="email" placeholder="请输入邮箱" required /></div>
52                  </div>
53              </div>
54
55          </fieldset>
56          <fieldset>
57              <legend>请填写并验证您的手机信息</legend>
58              <div class="clearfix">
59                  <div class="item item_l">
60                      <div class="info_text_d"><span>*</span>手机号码（仅支持中国大陆手机号码）</div>
61                      <div class="info_input_d"><input type="tel" name="tel" id="tel" placeholder="示例：135****1029" required/></div>
62                  </div>
63                  <div class="item item_xs">
64                      <div class="info_text_d"><span>*</span>短信验证码</div>
65                      <div class="info_input_d"><input type="text" name="num" id="num" required/></div>
66                  </div>
67                  <div class="item item_xs">
68                      <div class="btn_d"><button>获取短信验证码</button></div>
69                  </div>
70
71              </div>
72
73          </fieldset>
74          <div class="commit">
75              <input type="submit" value="注    册" />
76              <input type="button" value="关    闭" />
77          </div>
78
79      </form>
80    </div>
81  </section>
82
```

```
83        </body>
84
85   </html>
```

6.4.2 定义 CSS 样式

① 根据页面效果,首先定义全局样式,设置整个页面布局定宽居中,代码如下。

```css
/*通用样式设置*/
.container {
    width: 980px;
    margin-left: auto;
    margin-right: auto;
    margin-top: 20px;
}

* {
    margin: 0px;
    padding: 0px;
    box-sizing: border-box;
}
```

② 定义 header 元素的样式。

```css
/*定义 header 元素的样式*/

header.titlebox {
    height: 40px;
    background: #de5939;
    border-top-left-radius: 3px;
    border-top-right-radius: 3px;
}

header.titlebox h3 {
    padding-left: 5px;
    font-size: 18px;
    font-weight: bold;
    color: #fff;
    line-height: 40px;
}
```

③ 定义 fieldset 元素和 legend 元素的样式。

```css
.register-info {
    padding: 15px 5px;
}

.register-info fieldset {
```

```css
        border: .5px solid #ccc;
        margin-bottom: 20px;
}

.register-info fieldset legend {
        color: #de5939;
}
```

④ 定义每个表单控件的样式。

```css
/*定义每个表单控件的样式*/

.clearfix {
        clear: both;
}

.item {
        float: left;
}
*+.item {
        margin-left: 10px;
}
.item_s {
        width: 280px;
        padding: 10px;
}
.item_m {
        width: 380px;
        padding: 10px;
}
.item_xs {
        width: 180px;
        padding: 10px;
}
.item_l {
        width: 560px;
        padding: 10px;
}
.info_text_d {
        margin-bottom: 10px;
}
.info_text_d span {
        display: inline-block;
        margin-right: 3px;
        color: #de5939;
```

```css
}
.info_input_d input {
    display: block;
    width: 100%;
    line-height: 30px;
    padding: 4px;
}
.info_input_d select {
    width: 100%;
    padding: 8px;
    line-height: 30px;
}
.btn_d button {
    width: 165px;
    height: 34px;
    color: #fff;
    background: #DE5939;
    border: none;
    margin-top:35px;
}
```

⑤ 定义"提交"按钮和"关闭"按钮的样式。

```css
.commit {
    margin-top: 30px;
    text-align: center;
}

.commit input {
    display: inline-block;
    width: 186px;
    height: 46px;
    background: #DE5939;
    color: #fff;
    text-align: center;
    border: none;
    font-size: 16px;
    margin-right: 20px;
}
```

⑥ 定义表单校验的样式。

```css
input:focus:invalid {    /*定义 input 元素未校验成功的样式*/
    background-color: #ffe7e7;
}
input:valid {    /*定义 input 元素校验成功的样式*/
    border: 1px solid green;
```

```
}
textarea:focus:invalid {      /*定义 textarea 元素未校验成功的样式*/
    background-color: #ffe7e7;
}
textarea:valid {    /*定义 textarea 元素校验成功的样式*/
    border: 1px solid green;
}
```

6.5 项目总结

本项目用到了 HTML5 表单元素和表单校验，除此之外，还用到了 div 的布局，并应用了浮动和清除浮动属性。建议读者在学习完本项目后尝试实现各表单的校验效果，并查看 HTML5 内置的表单校验是否满足需求，如果不能，建议使用正则表达式。通过本项目的学习，读者能够熟悉表单控件的类型和使用方法，并通过表单元素的校验属性来限定用户的输入，掌握使用 CSS 伪类:valid 和:invalid 进行特殊的样式化的方法，能够制作 HTML5 表单页面。

项目 7　制作视频播放页面

7.1　项目描述

在飞速发展的信息化时代，音频和视频技术被越来越广泛地应用到网页设计中。本项目主要运用 HTML5 多媒体技术制作视频播放页面。本项目也将带读者回顾 HTML5 的结构元素、CSS3 选择器等相关知识。项目效果如图 7-1 所示，其中，头部的导航栏需要添加超链接，当鼠标指针悬停在导航栏选项上时，其背景变为灰色；视频播放列表中的图片呈半透明状态，当鼠标指针悬停在列表项上时，图片呈不透明状态并显示圆角边框，当选择列表项时，相对应的视频文件会自动播放。

图 7-1　项目效果

7.2　前导知识

7.2.1　多媒体的格式

1. 视频格式

在 HTML5 中可以嵌入的视频格式有以下 3 种。

① Ogg：带有 Theora 视频编码和 Vorbis 音频编码的 Ogg 格式。
② MPEG4：带有 H.264 视频编码和 AAC 音频编码的 MPEG4 格式。
③ WebM：带有 VP8 视频编码和 Vorbis 音频编码的 WebM 格式。

2. 音频格式

在 HTML5 中可以嵌入的音频格式有以下 3 种。

① Vorbis：类似 AAC 音频编码的另一种免费、开源的音频编码，用于替代 MP3 的下一代音频压缩格式。

② MP3：一种音频压缩格式，用来大幅度地减少音频数据量。

③ WAV：在录音时使用的标准的 Windows 文件格式，属于一种无损的音乐格式。

7.2.2 支持视频和音频的浏览器

目前，大多数浏览器已经实现了对 HTML5 中视频和音频元素的支持，如 IE 9.0 及以上版本、Firefox 3.5 及以上版本、Opear 10.5 及以上版本、Chrome 3.0 及以上版本和 Safari 3.2 及以上版本。虽然各主流浏览器都支持 HTML5 中的视频和音频元素，但在不同的浏览器上显示的效果略有不同，这是每一个浏览器的内置视频控件样式的不同导致的。

7.2.3 嵌入视频

在 HTML5 中，使用<video>标记来定义视频播放器，它不仅是一个播放视频的标记，其控制栏还实现了包括播放、暂停、进度、音量控制、全屏显示等功能，用户可以自定义这些功能的样式。<video>标记的语法格式如下。

```
<video src="视频文件路径" controls="controls"></video>
```

上述语法格式中，src 属性用于设置视频文件的路径，controls 属性用于为视频提供播放控件，src 属性和 controls 属性是<video>标记的基本属性。除此之外，<video>标记还有 autoplay 属性（当页面载入完成后自动播放视频）、loop 属性（视频结束时重新开始播放）、preload 属性（视频在页面加载时进行加载，并预备播放，如果使用 autoplay 属性，则忽略该属性）、poster 属性（当视频缓冲不足时，该属性值链接一个图像，并将该图像按照一定的比例显示出来）、width 属性（设置视频播放的宽度）和 height 属性（设置视频播放的高度）。

另外，在<video>标记和</video>标记之间还可以插入文字，用于在浏览器不支持视频播放时显示。下面通过例 7-1 对<video>标记进行讲解。

例 7-1　example7-1.html

```
1   <!DOCTYPE html>
2   <html>
3     <head>
4       <meta charset="UTF-8" />
5       <title>视频播放</title>
6       <style type="text/css">
7           video{width:500px;
8           height:300px;}
9       </style>
10    </head>
11    <body>
```

12	`<video src="video/1.mp4" controls="controls" autoplay="autoplay"  loop="loop"></video>`
13	`</body>`
14	`</html>`

保存并运行上述代码，效果如图 7-2 所示。从图 7-2 中可以看出，视频底部添加了视频控件，用于控制视频播放的状态，并且视频文件自动播放、循环播放。另外，视频的宽度和高度均由 CSS 样式进行控制。

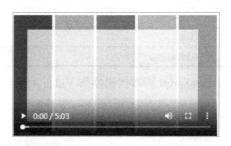

图 7-2　example7-1.html 运行效果

7.2.4　HTML DOM Video 对象

HTML5 为 Video 对象提供了用于 DOM 操作的方法和事件，常用方法及描述如表 7-1 所示。

表 7-1　Video 对象的常用方法及描述

方　　法	描　　述
addTextTrack()	向视频添加新的文本轨道
canPlayType()	检查浏览器是否能够播放指定的视频类型
load()	重新加载视频元素
play()	开始播放视频
pause()	暂停当前播放的视频

Video 对象用于 DOM 操作的常用属性及描述如表 7-2 所示。

表 7-2　Video 对象用于 DOM 操作的常用属性及描述

属　　性	描　　述
autoplay	设置是否在就绪（加载完成）后随即播放视频
currentSrc	返回当前视频的 URL
currentTime	设置或返回视频中的当前播放时间（以秒计）
duration	返回视频的时间长度（以秒计）
ended	返回视频的播放是否已结束
error	返回表示视频错误状态的 MediaError 对象
height	设置或返回视频的 height 属性的值
loop	设置视频是否应在结束时再次播放
paused	设置视频是否暂停
src	设置或返回视频的 src 属性的值
volume	设置或返回视频的音量
width	设置或返回视频的 width 属性的值

Video 对象用于 DOM 操作的常用事件及描述如表 7-3 所示。

表 7-3　Video 对象用于 DOM 操作的常用事件及描述

事件	描述
play	当执行 play()方法时触发
playing	正在播放时触发
pause	当执行 pause()方法时触发
ended	在播放结束后，停止播放时触发
waiting	在等待加载下一帧时触发
error	当获取媒体的过程中出错时触发

下面通过例 7-2 讲解如何用 JavaScript 脚本代码操作 Video 对象。

例 7-2　example7-2.html

```
1   <!DOCTYPE html>
2   <html>
3     <head>
4       <meta charset="UTF-8" />
5       <title>视频播放</title>
6       <style type="text/css">
7           video{width:500px;
8           height:300px;}
9       </style>
10    </head>
11    <body>
12            <video id="mv" src="video/1.mp4"></video>
13            <br>
14            <input type="button"    value="开始/暂停" onclick="playpause()"/>
15    </body>
16    <script>
17        var mv=document.getElementById("mv");
18        function playpause()
19        {
20            if(mv.paused)
21                mv.play();
22            else
23                mv.pause();
24        }
25    </script>
26  </html>
```

保存并运行上述代码，效果如图 7-3 所示，在例 7-2 中，定义了一个用于控制开始或暂停的按钮，然后为该按钮的 onclick 事件定义了 playpause()方法，使用 JavaScript 脚本代码中的 if 条件语句进行状态判断，当该播放器的状态为暂停时，调用 play()方法，并切换为开始状态，单击"开始/暂停"按钮播放视频，再次单击"开始/暂停"按钮暂停播放。

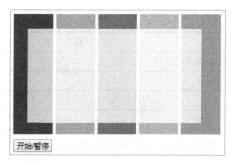

图 7-3　example7-2.html 运行效果

7.2.5　嵌入音频

在 HTML5 中，使用<audio>标记来定义音频播放器。其语法格式如下。

  <audio src="音频文件路径" controls="controls"></audio>

  上述语法格式中，src 属性用于设置音频文件的路径，controls 属性用于为音频提供播放控件，src 属性和 controls 属性是<audio>标记的基本属性。除此之外，<audio>标记还有 autoplay 属性（当页面载入完成后自动播放音频）、loop 属性（音频结束时重新开始播放）和 preload 属性（音频在页面加载时进行加载，并预备播放，如果使用 autoplay 属性，则忽略该属性）。

  另外，在<audio>标记和</audio>标记之间还可以插入文字，用于在浏览器不支持音频播放时显示。下面通过例 7-3 对<audio>标记进行讲解。

  例 7-3　example7-3.html

```
1   <!DOCTYPE html>
2   <html>
3     <head>
4       <meta charset="UTF-8" />
5       <title>音频播放</title>
6     </head>
7     <body>
8       <audio src="video/4.mp3" controls="controls" autoplay="autoplay" loop="loop"></audio>
9     </body>
10  </html>
```

  保存并运行上述代码，效果如图 7-4 所示。从图 7-4 中可以看出，页面添加了音频控件，用于控制音频播放的状态，并且音频文件自动播放、循环播放。

图 7-4　example7-3.html 运行效果

7.2.6　HTML DOM Audio 对象

  HTML5 为 Audio 对象提供了用于 DOM 操作的方法和事件，常用方法及描述如表 7-4 所示。

表 7-4 Audio 对象的常用方法及描述

方法	描述
canPlayType()	检查浏览器是否能够播放指定的音频类型
load()	重新加载音频元素
play()	开始播放音频
pause()	暂停当前播放的音频

Audio 对象用于 DOM 操作的常用属性及描述如表 7-5 所示。

表 7-5 Audio 对象用于 DOM 操作的常用属性及描述

属性	描述
currentSrc	返回当前音频的 URL
currentTime	设置或返回音频中的当前播放时间（以秒计）
duration	返回音频的时间长度（以秒计）
ended	返回音频的播放是否已结束
error	返回表示音频错误状态的 MediaError 对象
paused	设置音频是否暂停
muted	设置是否关闭声音
volume	设置或返回音频的音量

Audio 对象用于 DOM 操作的常用事件及描述如表 7-6 所示。

表 7-6 Audio 对象用于 DOM 操作的常用事件及描述

事件	描述
play	当执行 play() 方法时触发
playing	正在播放时触发
pause	当执行 pause() 方法时触发
ended	在播放结束后，停止播放时触发
waiting	在等待加载下一帧时触发
error	当获取媒体的过程中出错时触发

下面通过例 7-4 讲解如何用 JavaScript 脚本代码操作 Audio 对象。

例 7-4 example7-4.html

```
1   <!DOCTYPE html>
2   <html>
3     <head>
4       <meta charset="UTF-8" />
5       <title>音频播放</title>
6     </head>
7     <body>
8           <audio src="video/4.mp3"></audio>
9           <button>音乐播放</button>
10    </body>
11    <script>
```

```
12      window.onload=function(){
13          document.getElementsByTagName("button")[0].onclick=function(){
14              document.getElementsByTagName("audio")[0].load();
15              document.getElementsByTagName("audio")[0].play();
16          }
17      }
18  </script>
19  </html>
```

保存并运行上述代码，效果如图 7-5 所示。在例 7-4 中，当使用标记名来获取某个标记时，默认得到的是数组对象，数组对象的下标从 0 开始，这里每种标记只有一个，所以使用下标 0 来获取对象，单击"音乐播放"按钮，音乐开始播放。

图 7-5　example7-4.html 运行效果

7.2.7　视频、音频中的 source 元素

虽然大多数浏览器都支持 HTML5 的视频和音频元素，但还有一小部分浏览器不支持，为了使视频和音频能够在各个浏览器中正常播放，我们往往需要提供多种格式的视频和音频文件。在 HTML5 中，使用 source 元素可以为 video 元素或 audio 元素提供多个备选文件。

使用 source 元素添加视频的语法格式如下。

```
<video controls="controls">
    <source src="视频文件地址" type="媒体文件类型/格式">
    <source src="视频文件地址" type="媒体文件类型/格式">
    …
</video>
```

使用 source 元素添加音频的语法格式如下。

```
<audio controls="controls">
    <source src="音频文件地址" type="媒体文件类型/格式">
    <source src="音频文件地址" type="媒体文件类型/格式">
    …
</audio>
```

在上述语法格式中，可以指定多个 source 元素为浏览器提供备用的媒体文件，src 属性用于指定媒体文件的地址，type 属性用于指定媒体文件的类型。

7.3　项目分析

7.3.1　页面结构分析

页面结构如图 7-6 所示。

通过观察图 7-6，我们发现页面的主体结构由导航栏、视频播放列表和视频播放三个版块组成。

- 导航栏：使用 HTML 结构标记<nav>布局导航栏，其中嵌套列表标记<ul><li>，用于布局横向导航栏，在列表标记中嵌套超链接标记<a>，用于设置导航超链接。

图 7-6　页面结构

- 视频播放列表：使用盒标记<div>布局视频播放列表，其中，嵌套段落标记<p>，用于设置"视频播放列表："描述文字；嵌套列表标记<ul><li>，用于设置列表项横向显示，在列表标记中嵌套超链接标记<a>，用于设置列表项超链接，在超链接标记中嵌套图像标记<img>，用于设置列表项显示的图像。
- 视频播放：使用盒标记<div>定义内容部分，在盒标记<div>中嵌套视频标记<video>。

7.3.2　样式分析

- 导航栏：定义导航栏列表样式；定义导航栏中超链接标记<a>的样式，包括访问前后和访问时的样式；嵌套列表标记<li>，使用 float 属性布局横向导航栏。
- 视频播放列表：定义列表样式；嵌套列表标记<li>，使用 float 属性布局横向列表；定义锚点超链接。
- 视频播放：定义版块内容在加载时的显示状态为隐藏，最后通过:target 选择器将链接到的内容设置为显示；定义加载的视频样式。

7.4　项目实践

7.4.1　制作页面结构

1. 制作导航栏

```
1   <nav>
2       <ul>
3           <li><a href="#">汉语言文学</a></li>
4           <li><a href="#">历史</a></li>
5           <li><a href="#">思政</a></li>
6           <li><a href="#">英语</a></li>
```

```
7         <li><a href="#">计算机</a></li>
8         <li><a href="#">通信工程</a></li>
9         <li><a href="#">建筑</a></li>
10        <li><a href="#">化工</a></li>
11      </ul>
12  </nav>
```

2. 制作视频播放列表

```
1  <div class="video_list">
2      <p>视频播放列表：</p>
3      <ul>
4          <li><a href="#news1"><img src="img/1.jpg"></a></li>
5          <li><a href="#news2"><img src="img/2.jpg"></a></li>
6          <li><a href="#news3"><img src="img/3.jpg"></a></li>
7      </ul>
8  </div>
```

3. 制作视频播放

```
1  <div class="mn">
2      <div class="abc" id="news1">
3            <video src="video/1.mp4" controls autoplay loop></video>
4      </div>
5      <div class="abc" id="news2">
6            <video src="video/2.mp4" controls autoplay loop></video>
7      </div>
8      <div class="abc" id="news3">
9            <video src="video/3.mp4" controls autoplay loop></video>
10     </div>
11 </div>
```

7.4.2 定义 CSS 样式

1. 定义全局样式

```
*{margin:0; padding:0;list-style:none; outline:none;}
body{font-size:12px;font-family:"微软雅黑";background:#fff;}
a:link,a:visited{font-size:14px; font-weight:bolder;color:#333;text-decoration:none;}
a:hover{text-decoration:none;}
```

2. 定义导航栏的样式

```
nav{width:100%;
    background:#eee;}
nav ul{width:1200px;
    overflow:hidden;
    margin:0 auto;
    background:url(img/logo.png) no-repeat left center;
```

```
            background-size:25px;
            padding-left:30px;
            box-sizing:border-box;}
nav li{height:50px;
       float:left;
       line-height:50px;
       text-align:center;
       padding:0 25px;}
nav li:hover{background:#CCC;}
```

▶3. 定义视频播放列表版块的样式

```
.video_list{width:1200px;
            margin:0 auto;}
.video_list p{text-align:left;
              font-size:16px;
              color:#333;
              padding:20px 0 20px;}
.video_list ul{width:1200px;
               overflow: hidden;}
.video_list li{width:200px;
               height:100px;
               margin-right:24px;
               float:left;
               background-color: aqua;
               border:3px solid #fff;
               border-radius:8px;
               opacity:0.5;}
.video_list li:hover{border:3px solid #666;
                     opacity:1;}
```

▶4. 定义视频播放版块的样式

```
.mn{ margin:50px auto; width:1200px;
     height:576px;}
.abc{display:none;}
:target{display:block;}
video{width:1200px;
      height:576px;
      background:#000;
      margin:0px auto;}
```

7.5 项目总结

通过本项目的学习，读者能够了解 HTML5 支持的视频和音频格式，掌握 HTML5 中视频和音频的相关属性；能够在 HTML5 页面中添加视频和音频文件。

项目 8 制作垃圾分类页面

8.1 项目描述

本书在前面的项目中讲解了如何使用 HTML5、CSS3 来制作网页。本项目将在 HTML5 和 CSS3 的基础上进行响应式 Web 设计。响应式是为了解决移动互联网浏览问题而诞生的。随着显示屏幕越来越多样化,为了适应显示屏幕大小,响应式设计应运而生。那么响应式设计到底指的是什么呢?响应式设计是指自动识别屏幕宽度并做出相应调整的网页设计,布局和展示的内容可能会有所变动。也就是说,一个网站同时能兼容多个终端,从而大大节省了资源。我们在对移动端进行页面适配之前,首先应该了解视口、媒体查询及百分比布局。本项目利用视口、媒体查询和百分比布局实现了一个垃圾分类页面的响应式设计,在 PC 端和移动端的显示效果如图 8-1 和图 8-2 所示。

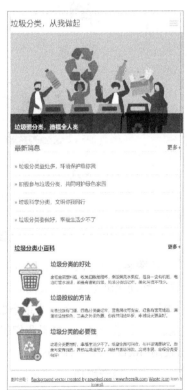

图 8-1 垃圾分类页面在 PC 端的显示效果

图 8-2 垃圾分类页面在移动端的显示效果

8.2 前导知识

8.2.1 视口

1. 什么是视口

什么是视口（viewport）？视口是指网页的可视区域，它定义了浏览器能显示内容的屏幕区域。那么 PC 端的 Web 页面在移动端打开是什么样子的呢？

在浏览器中访问新浪首页 https://www.sina.com.cn/，打开 Chrome 开发者工具，本节我们使用 Chrome 浏览器自带的移动终端模拟器进行操作。单击"模拟器"图标，打开 Chrome 开发者工具中的模拟器，选择一种手机模拟器型号，然后查看新浪首页的移动端浏览器视图，如图 8-3 所示。

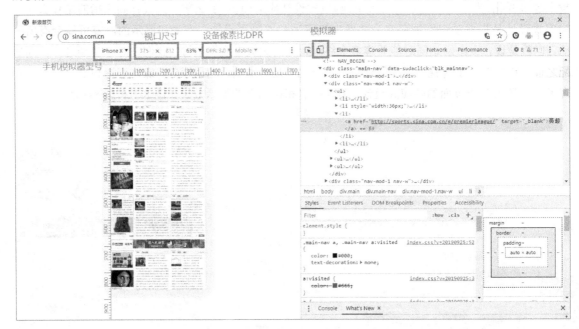

图 8-3 新浪首页的移动端浏览器视图

从图 8-3 中可以看出，网页并没有超出移动端的屏幕，而是自动缩放了。实际上，在渲染网页的时候，移动端浏览器会把页面放入一个虚拟的视口中，比如，它原本是显示在宽 980px 的屏幕上的，而同样的内容被压缩到一个很小的手机屏幕上，用户要花很长时间放大屏幕，才能看清网页上的内容或与网页进行交互。如果我们想要在更小的屏幕上显示网页，必须显式地设置 viewport。现代浏览器使用<meta name="viewport"> 告知浏览器如何调整内容大小。

2. 设置视口

一个常用的针对移动网页优化页面的<meta>标记大致如下。

`<meta name="viewport" content="width=device-width, initial-scale=1.0">`

在移动端布局时，在 meta 元素中我们会将 width 属性的属性值设置成 device-width，device-width 一般表示设备分辨率的宽度。meta 元素一共有 6 个属性，如表 8-1 所示。

表 8-1　meta 元素的属性及其说明

属　性	说　明
width	设置视口的宽度，默认视口宽度，可以指定的一个值，或者特殊的值，如 device-width 为设备的宽度（单位是缩放为 100%时的 CSS 像素）
height	设置视口的高度，与 width 属性相对应
initial-scale	初始缩放比例，即当页面第一次加载时的缩放比例
maximum-scale	允许用户缩放到的最大比例
minimum-scale	允许用户缩放到的最小比例
user-scalable	是否允许用户进行缩放，值为 no 或 yes，no 代表不允许，yes 代表允许

下面通过例 8-1 演示使用 viewport 和未使用 viewport 在移动端上的不同效果。

例 8-1　example8-1.html

```
1   <!DOCTYPE html>
2   <html>
3
4       <head>
5           <meta charset="UTF-8">
6           <title>设置视口</title>
7           <style type="text/css">
8               .test {
9                   margin: 0 auto;
10                  width: 100%;
11                  background-color: #009688;
12                  color: white;
13                  font-size: 24px;
14                  font-weight: bold;
15                  text-align: center;
16                  height: 812px;
17                  line-height: 812px;
18                  font-family: sans-serif;
19              }
20          </style>
21      </head>
22
23      <body>
24
25          <div class="test">
26              Hello,my sunshine!
27          </div>
28
29      </body>
30
31  </html>
```

例 8-1 中将一个宽度为 100%的页面在移动端浏览的时候进行了自动缩放，<div>标记中的文字"Hello,my sunshine!"变得很小。未设置视口时的效果如图 8-4（左）所示。

当我们在例 8-1 的第 6 行代码上面加上 viewport 的属性之后，网页将在移动端进行屏幕的适配，文字变得清晰可见，代码如下。

```
<meta name="viewport" content="width=device-width,initial-scale=1,minimum-scale=1,maximum-scale=1,user-scalable=no" />
```

设置视口后的效果如图 8-4（右）所示。

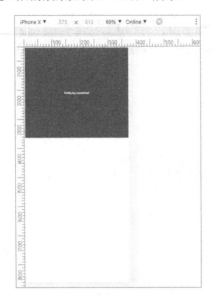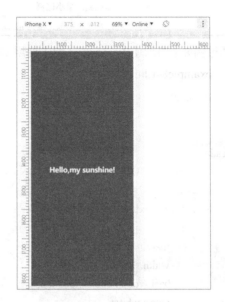

图 8-4　视口设置效果

理论上有两个 viewport：layout viewport（布局视口）和 visual viewport（视觉视口），下面分别进行介绍。

布局视口：如果把移动端浏览器的可视区域设为 viewport，某些网站会因为 viewport 太窄而显示错乱，所以这些浏览器默认会把 viewport 设为一个较宽的值，如 980px，使得即使是为 PC 端浏览器设计的网站也能在移动端浏览器上正常显示。这个浏览器默认的 viewport 称为布局视口。需要注意的是，布局视口不代表网页实际宽度大小。

视觉视口：视觉视口表示用户在浏览器内看到的网站的显示区域，用户可以通过缩放来查看网页的显示内容，从而改变视觉视口，视觉视口类似于放大镜中显示的内容，它不会影响布局视口的宽度和高度。

在本例中，网页能适配移动端需要满足两个条件：一是让设备独立像素（dips）与 CSS 像素的比例为 1∶1（initial-scale=1）；二是布局视口的宽度和设备宽度一样宽（width=device-width）。

8.2.2　媒体查询

在上一节中，我们使用视口来告诉浏览器，网页要怎样渲染在移动端设备上。这里有一个问题，移动端设备有各种各样不同的尺寸，而且不同移动端的设备下，在 CSS 文件中，1px 所表示的物理像素的大小是不同的，因此，通过一套样式，无法实现各端的自适应。如果要考虑用户在任何设备上都具有良好的体验，那么能不能给每种设备编写不同的样式来实现自适应的效果呢？答案是可以的，这里用到了媒体查询。

1. 基本媒体查询

使用媒体查询可以根据不同的设备特征应用不同的样式，比如，设备的宽度、高度、像素比等，使页面在不同终端设备下达到不同的渲染效果。

媒体查询有两种方式。

第一种是利用 link 元素添加 media 属性的方式，使用方法如下。

```
<!-- link 元素中的 CSS 媒体查询 -->
<link rel="stylesheet" media="screen and (min-width:800px)" href=" patterns.css"/>
```

我们只需要在网页中添加另外的样式表，并附上媒体查询即可。media="screen and (min-width:800px)" 表示样式表 patterns.css 只在屏幕宽度大于或等于 800px 时应用。

screen 表示媒体类型，媒体类型允许用户指定文件如何在不同媒体上呈现，该文件可以以不同的方式显示在屏幕或纸张上。媒体类型常用的是 screen 和 print，screen 用于计算机屏幕、平板电脑、智能手机等，print 在需要设置用户打印页面的样式时使用。

大多数媒体属性可以带有 "min-" 或 "max-" 前缀，用于表达"最低"或"最高"。最常用的媒体查询的两个属性是 max-width 和 min-width。max-width 表示在屏幕宽度小于或等于其赋值时生效，min-width 表示在屏幕宽度大于或等于其赋值时生效。max-width 和 min-width 是基于浏览器窗口大小的。媒体查询的书写方式主要分为两部分：第一部分指的是媒体特性，第二部分指的是为媒体特性指定的值，这两部分之间使用冒号分隔。

第二种是@media 方式，这种方式的 HTTP 请求少一些，但 HTML 文件会变大，使用方法如下。

```
<!-- 样式表中的 CSS 媒体查询 -->
<style>
        @media screen and (min-width:800px) {
            body{
                background-color: green;
            }
        }
</style>
```

同样地，上述代码表示 body 元素的绿色背景颜色的样式只在屏幕宽度大于或等于 800px 时应用。当使用媒体查询时必须以 "@media" 开头，然后指定媒体类型，最后指定媒体特性。使用媒体查询，用户可以通过给不同分辨率的设备编写不同的样式来实现响应式布局。例如，我们为不同分辨率的屏幕，设置不同的背景图像，或者为小屏幕手机和大屏幕手机设置不同像素的背景图像，通过媒体查询即可实现。下面通过例 8-2 对基本媒体查询进行讲解。

例 8-2　example8-2.html

```
1  <!DOCTYPE html>
2  <html>
3  
4      <head>
5          <meta charset="UTF-8">
```

```
6       <title></title>
7       <meta name="viewport" content="width=device-width, initial-scale=1.0">
8       <style type="text/css">
9           body {
10              background-color: green;
11          }
12
13          @media screen and (max-width:400px) {
14              body {
15                  background-color: red;
16              }
17          }
18
19          @media screen and (min-width:800px) {
20              body {
21                  background-color: blue;
22              }
23          }
24      </style>
25  </head>
26  </body>
27
28  </html>
```

例8-2是一个简单的媒体查询，当屏幕宽度小于或等于400px（iPhone5尺寸）时，页面背景颜色是红色；当屏幕宽度为401～799px（iPhone6尺寸）时，页面背景颜色是绿色；当屏幕宽度大于或等于800px（iPad Pro尺寸）时，页面背景颜色是蓝色。页面在不同设备上的背景颜色如图8-5所示。

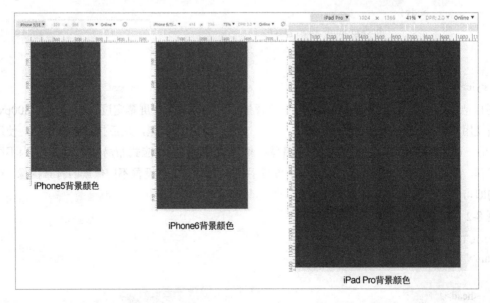

图8-5 页面在不同设备上的背景颜色

▶ 2. 选择断点

在媒体查询中，改变页面布局的点称为断点，根据网页布局可以有一个或多个断点。那么应该在哪里设置断点呢？我们应该根据网页的内容来找到合适的位置。我们可以在代码的中间添加断点，不同的断点位置有不同的效果。下面通过例 8-3 对断点进行讲解。

例 8-3　example8-3.html

```
1   <!DOCTYPE html>
2   <html>
3   
4       <head>
5           <meta charset="UTF-8">
6           <title>媒体查询</title>
7           <meta name="viewport" content="width=device-width, initial-scale=1.0">
8           <style type="text/css">
9               h1 {
10                  position: absolute;
11                  text-align: center;
12                  width: 100%;
13                  font-size: 6em;
14                  font-family: sans-serif;
15              }
16  
17              body {
18                  background-color: blue;
19              }
20  
21              .happy {
22                  opacity: 0
23              }
24  
25              .sad {
26                  opacity: 1
27              }
28  
29              @media screen and (max-width: 600px) {
30                  body {
31                      background-color: pink;
32                  }
33                  .happy {
34                      opacity: 1
35                  }
36                  .sad {
37                      opacity: 0
38                  }
```

```
39              }
40          </style>
41      </head>
42
43      <body>
44          <div>
45              <h1 class="happy">快乐</h1>
46              <h1 class="sad">忧伤</h1>
47          </div>
48      </body>
49
50  </html>
```

在例 8-3 中，当屏幕宽度小于或等于 600px 时，将背景颜色设置为粉色，并显示文字"快乐"；当屏幕宽度大于 600px 时，将背景颜色设置为蓝色，并显示文字"忧伤"。那么 600px 处就是一个断点。页面效果如图 8-6 所示。

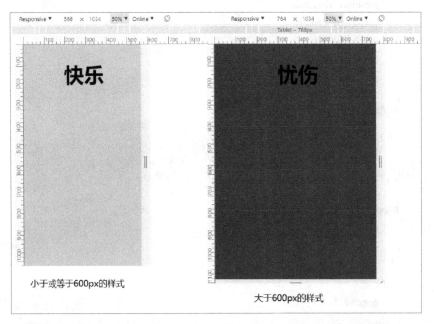

图 8-6　使用断点设置不同样式的页面效果

3. 复杂媒体查询

有时，我们需要进行更复杂的媒体查询，如果需要添加多个媒体查询的条件，则可以使用逻辑操作符，包括 not、and、only 等，构建复杂的媒体查询。and 逻辑操作符用来把多个媒体属性组合成一个媒体查询，只有当每个属性都为真时，结果才为真。not 逻辑操作符用来对一个媒体查询的结果进行取反。only 逻辑操作符仅在媒体查询匹配成功的情况下被应用于一个样式，用于防止在老式浏览器中应用选中的样式。若使用了 not 或 only 逻辑操作符，则必须明确指定一个媒体类型。用户也可以将多个媒体查询使用逗号分隔放在一起，只要其中任何一个属性为真，整个媒体语句就返回真，相当于 or 逻辑操作符。下面通过例 8-4 对复杂媒体查询进行讲解。

例 8-4　example8-4.html

```html
1   <!DOCTYPE html>
2   <html>
3   
4       <head>
5           <meta charset="UTF-8">
6           <meta name="viewport" content="width=device-width, initial-scale=1.0">
7           <title></title>
8           <style type="text/css">
9               h1 {
10                  position: absolute;
11                  text-align: center;
12                  width: 100%;
13                  font-size: 6em;
14                  font-family: sans-serif;
15  
16              }
17              body {
18                  background-color: blue;
19              }
20              .happy {
21                  opacity: 0
22              }
23              .sad {
24                  opacity: 1
25              }
26  
27              @media screen and (min-width: 400px) and (max-width: 800px) {
28                  body {
29                      background-color: pink;
30                  }
31                  .happy {
32                      opacity: 1
33                  }
34                  .sad {
35                      opacity: 0
36                  }
37              }
38          </style>
39      </head>
40      <body>
41          <div>
42              <h1 class="happy">快乐</h1>
```

```
43              <h1 class="sad">忧伤</h1>
44          </div>
45      </body>
46
47  </html>
```

例 8-4 用到了复杂媒体查询,第 27 行@media screen and (min-width: 400px) and (max-width: 800px) 表示当屏幕宽度为 400～800px 时,将背景颜色设置为粉色,并显示文字"快乐",其他屏幕宽度将背景颜色设置为蓝色,并显示文字"忧伤"。页面效果如图 8-7 所示。

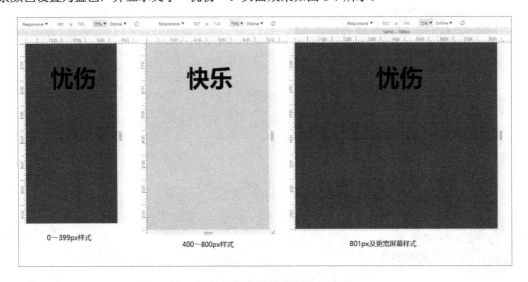

图 8-7　使用复杂媒体查询的页面效果

8.2.3　百分比布局

百分比布局,也称为流式布局,是指使用百分比定义宽度,根据视口和父元素的实时尺寸进行调整,尽可能地适应各种屏幕宽度。

在前两节的内容中提到,屏幕进行适配的时候网页内容需要适应视口的宽度。过大的 CSS 宽度或者绝对定位会让元素要么太大,要么不能完全适应屏幕的大小。当某一个元素的尺寸大于其容器时,它就会溢出,这时我们可以将宽度设置为 100%,它就会相对于父元素的宽度而变化,只有这样才能避免左右滚动。在定义元素宽度时,应采用相对宽度来防止元素溢出视口,而如果设置为 px,则元素的大小将固定不变,无论屏幕尺寸如何都是如此,用户体验较差。

我们还可以设置元素的最大宽度 max-width,这样,元素会在需要变小时变小,但反之不会超过所设的最大宽度。实际上,如果同时设置了 width 和 max-width,最大宽度会覆盖宽度设定。同样地,我们也可以设置 min-width 和 min-height,比如,给每个可点击元素添加最小宽度和最小高度。下面通过例 8-5 对百分比布局进行讲解。

例 8-5　example8-5.html

```
1  <!DOCTYPE html>
2  <html>
3
```

```
4       <head>
5           <meta charset="UTF-8">
6           <meta name="viewport" content="width=device-width,initial-scale=1" />
7           <title></title>
8
9           <style type="text/css">
10              .box {
11                  width: 100%;
12                  color: white;
13                  height: 100px;
14                  font-size: 32px;
15                  text-align: center;
16                  line-height: 100px;
17                  float: left;
18              }
19
20              .orange {
21                  background: orange;
22              }
23
24              .green {
25                  background: green;
26              }
27
28              .blue {
29                  background: darkblue;
30              }
31
32              .purple {
33                  background: purple;
34              }
35
36              .red {
37                  background: red;
38              }
39
40              @media screen and (min-width: 600px) {
41                  .blue {
42                      width: 40%;
43                  }
44                  .purple {
45                      width: 60%;
46                  }
47              }
```

```
48        </style>
49      </head>
50
51      <body>
52         <div class="container">
53            <header class="box orange">头部</header>
54            <nav class="box green">导航栏</nav>
55            <section>
56                <aside class="box blue">侧边栏</aside>
57                <article class="box purple">文章</article>
58            </section>
59            <footer class="box red">页脚</footer>
60         </div>
61      </body>
62
63   </html>
```

例 8-5 中的页面结构是一个常用的网页结构，包括头部、导航栏、侧边栏、文章及页脚。在移动端视图下它们的宽度是 100%，布局应该垂直排成一列。当页面变宽的时候，侧边栏和文章部分会由垂直排列变成水平排列，这里需要用到百分比布局。本例中第 40~47 行代码定义的媒体查询，分别设置侧边栏的宽度为 40%，文章的宽度为 60%，当屏幕宽度大于或等于 600px 的时候，这两个 div 元素呈水平排列。页面效果如图 8-8 所示。

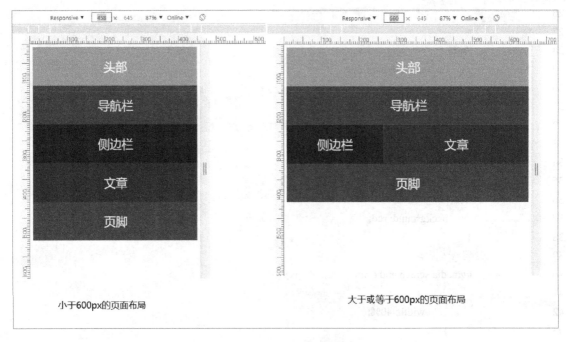

图 8-8　使用百分比布局的页面效果

8.3 项目分析

8.3.1 页面结构分析

有了前导知识作铺垫,接下来我们进行项目分析。页面结构如图 8-9 所示。

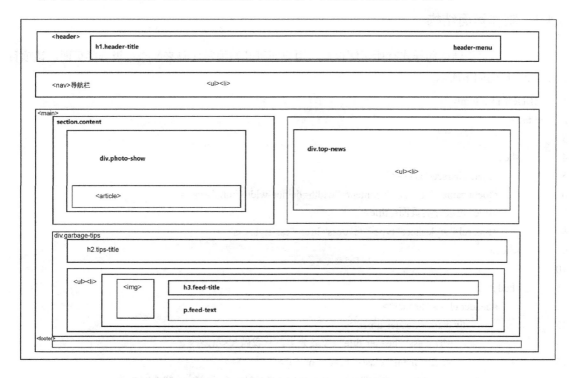

图 8-9 页面结构

如图 8-9 所示,垃圾分类页面结构包含头部<header>、导航栏<nav>、主内容区<main>和页面底部<footer>四部分,其中,主内容区又包含图片展示部分 div.photo-show、最新消息部分 div.top-news,以及垃圾分类小百科部分 div.garbage-tips。<header>在移动端屏幕上应该有一个折叠菜单按钮,所以在初始布局的时候要把这个<svg>加进去,<nav>导航栏是一个列表,主内容区分别是三个大的<div>,在屏幕宽度变化的时候,通过媒体查询让这三个<div>放置的位置发生变化。

8.3.2 样式分析

- 整个 body 元素在页面中应该设置为 100%,并加上视口 meta_viewport。
- 使用百分比对页面进行布局,设置头部<header>、导航栏<nav>、图片展示部分 div.photo-show、最新消息部分 div.top-news、垃圾分类小百科部分 div.garbage-tips 和页面底部<footer>的初始宽度为 100%。
- 初始状态可以从小屏幕开始,设置媒体查询,让汉堡菜单代替导航栏,当放大到中等屏幕时,设置媒体查询,让汉堡菜单消失,导航栏出现;当放大到大屏幕时,设置媒体查询,让 div.photo-show 和 div.top-news 在一行排列。

- 设置 div.photo-show 图片展示的时候，要用百分比来放置<article>文字的位置。
- 导航栏选项的字体大小在屏幕缩放的时候需要相应变化，建议使用 em 作为单位来设置大小。
- 给 div.garbage-tips 部分的标题设置鼠标经过添加下画线的效果。

8.4 项目实践

8.4.1 制作页面结构

对项目的页面结构和样式有所了解以后，用户即可开始编写代码来制作垃圾分类页面。该项目的 HTML 代码如下所示。

```html
1  <!DOCTYPE html>
2  <html>
3  
4      <head>
5          <meta charset="UTF-8" />
6          <meta name="viewport" content="width=device-width,initial-scale=1" />
7          <title>垃圾分类页面</title>
8          <link rel="stylesheet" type="text/css" href="css/style.css" />
9      </head>
10 
11     <body>
12         <header class="header">
13             <div class="header-inner">
14                 <h1 class="header-title">垃圾分类，从我做起</h1>
15                 <a id="menu" class="header-menu">
16                     <svg xmlns="http://www.w3.org/2000/svg" viewBox="0 0 24 24">
17                         <path d="M2 6h20v3H2zm0 5h20v3H2zm0 5h20v3H2z" />
18                     </svg>
19                 </a>
20             </div>
21         </header>
22         <nav id="drawer" class="nav">
23             <ul class="nav-list">
24                 <li class="nav-item">
25                     <a href="#">新闻</a>
26                 </li>
27                 <li class="nav-item">
28                     <a href="#">政策</a>
29                 </li>
30                 <li class="nav-item">
31                     <a href="#">文化</a>
32                 </li>
33                 <li class="nav-item">
```

```
34              <a href="#">关于我们</a>
35           </li>
36        </ul>
37     </nav>
38
39     <main class="main">
40        <section class="content">
41           <section class="photo-show">
42              <article class="description">
43                 <h2>垃圾要分类，造福全人类</h2>
44              </article>
45           </section>
46           <section class="top-news">
47              <h2 class="news-title">最新消息<a href="#" class="news-more">更多+ </a>
48              </h2>
49              <ul>
50                 <li class="top-news-item">
51                    <a href="#">垃圾分类益处多，环境保护靠你我</a>
52                 </li>
53                 <li class="top-news-item">
54                    <a href="#">积极参与垃圾分类，共同呵护绿色家园</a>
55                 </li>
56                 <li class="top-news-item">
57                    <a href="#">垃圾科学分类，文明你我同行</a>
58                 </li>
59                 <li class="top-news-item">
60                    <a href="#">垃圾分类要做好，幸福生活少不了</a>
61                 </li>
62              </ul>
63           </section>
64
65           <section class="garbage-tips">
66              <h2 class="tips-title">
67                 <span>垃圾分类小百科</span>
68                 <a href="#" class="news-more">更多+</a>
69              </h2>
70
71              <ul>
72                 <li class="feed">
73                    <img class="feed-thumbnail" src="img/icons8-full-trash-50.png" alt="">
74                    <h3 class="feed-title"><a href="#">垃圾分类的好处</a></h3>
75                    <p class="feed-text">废纸金属塑料瓶，收集回收能循环，剩饭剩菜水果皮，摇身一变有机肥，电池灯管水银计，都是有害的垃圾，垃圾分类切记牢，美化环境不可少。</p>
76                 </li>
```

```
77                    <li class="feed">
78                        <img class="feed-thumbnail" src="img/icons8-recycle-48.png" alt="">
79                        <h3 class="feed-title"><a href="#">垃圾投放的方法</a></h3>
80                        <p class="feed-text">垃圾投放有门道，四色分类要记牢，蓝色回收可变宝，红色有害无处逃，潮湿垃圾放棕色，三类之外黑色要，你我共同助环保，申城明天更美好。</p>
81                    </li>
82                    <li class="feed">
83                        <img class="feed-thumbnail" src="img/icons8-waste-64.png" alt="">
84                        <h3 class="feed-title"><a href="#">垃圾分类的必要性</a></h3>
85                        <p class="feed-text">垃圾分类要做好，幸福生活少不了。纸塑金属可回收，布料玻璃是块宝。厨余可变有机肥，其他垃圾没用了。减轻有害防污染，文明市民，全程分类要做好！</p>
86                    </li>
87
88                </ul>
89            </section>
90
91        </section>
92    </main>
93    <footer>
94        图片出处：
95        <a href="https://www.freepik.com/free-photos-vectors/background">Background vector created by rawpixel.com - www.freepik.com</a>
96        <a target="_blank" href="https://icons8.com/icons/set/waste">Waste icon</a> icon by
97        <a target="_blank" href="https://icons8.com">Icons8</a>
98    </footer>
99 </body>
100
101 </html>
```

8.4.2 定义 CSS 样式

1. 定义全局样式

```
/*通用样式设置*/
* {
    box-sizing: border-box;
}
body {
    width: 100%;
    font-size: 12px;
    color: #424242;
}
ul {
    list-style: none;
    padding: 0;
```

```
    margin: 0;
}
```

▶ 2. 定义<header>头部的样式

```
.header-inner {
    width: 100%;
    margin-left: auto;
    margin-right: auto;
}
.header {
    box-shadow: 0 2px 5px rgba(0, 0, 0, 0.26);
    min-height: 56px;
    transition: min-height 0.3s;
}
.header-title {
    font-weight: 300;
    font-size: 3em;
    margin: 0.5em 0.25em;
    display: inline-block;
    color: #212121;
}
```

▶ 3. 定义<nav>导航栏的样式

```
/*定义导航栏的样式*/
.nav {
    width: 100%;
    margin-left: auto;
    margin-right: auto;
    }
.nav-list {
    width: 100%;
    padding: 0;
    margin: 0;
}
.nav-item {
    display: inline-block;
    width: 24%;
    text-align: center;
    line-height: 24px;
    padding: 24px;
    text-transform: uppercase;
}
.nav a {
    text-decoration: none;
    color: #616161;
```

```css
        padding: 1.5em;
        font-size: 1.25em;
}
.nav a:hover {
        text-decoration: underline;
        color: #212121;
}
/*将汉堡菜单先隐藏*/
.header-menu {
        display: none;
}
```

▶ 4. 定义 div.photo-show 部分的样式

```css
/*定义 main 部分的样式*/
.main {
        box-shadow: 0 2px 5px rgba(0, 0, 0, 0.26);
        width: 100%;
        margin-left: auto;
        margin-right: auto;
}
/*定义 div.photo-show 部分的样式*/
.photo-show {
        width: 100%;
        position: relative;
        background-image: url(../img/people-sorting-garbage-recycling_53876-59907.jpg);
        background-size: cover;
        height: 300px;
}
.photo-show article {
        box-sizing: border-box;
        background-color: #000;
        background-color: rgba(0, 0, 0, 0.7);
        position: absolute;
        bottom: 0;
        height: 20%;
        width: 100%;
        color: #fff;
        padding: 1em;
}
```

▶ 5. 定义 div.top-news 部分的样式

```css
/*定义 div.top-news 部分的样式*/
.top-news {
        width: 100%;
        height: 300px;
```

```css
        border-bottom: 1px solid #E0E0E0;
        padding: 1em;
}
.news-title {
        font-weight: 500;
        border-bottom: 1px solid #E0E0E0;
        line-height: 24px;
        font-size: 20px;
}
.news-more {
        float: right;
        font-size: .8em;
        color: #333;
        text-decoration: none;
}
.top-news-item {
        border-bottom: 1px solid #E0E0E0;
        padding: 1em 0;
        line-height: 20px;
        font-size: 16px;
}
.top-news-item:before {
        content: "» ";
}
.top-news-item:last-child {
        border-bottom: none;
}
.top-news-item a {
        text-decoration: none;
        color: #666;
        padding-top: 1.5em;
        padding-bottom: 1.5em;
}
.top-news-item a:hover,
.top-news-item a:active {
        text-decoration: underline;
}
```

6. 定义 div.garbage-tips 部分的样式

```css
/*定义 div.garbage-tips 部分的样式*/
.garbage-tips {
        width: 100%;
        clear: both;
        padding: 1em;
```

```css
}
.tips-title>span {
    font-weight: 500;
    line-height: 24px;
    font-size: 20px;
    color: #616161;
}
.feed {
    clear: both;
    margin: 24px 0;
}
.feed-thumbnail {
    width: 100px;
    float: left;
    margin-right: 1em;
}
.feed-title {
    font-size: 1.5em;
    font-weight: bolder;
}
.feed-text {
    font-size: 1em;
}
.feed-title a {
    text-decoration: none;
    color: #666;
    padding-top: 1.5em;
    padding-bottom: 1.5em;
}
.feed-title a:hover,
.feed-title a:active {
    text-decoration: underline;
}
```

7. 定义<footer>部分的样式

```css
/*定义<footer>部分的样式*/
footer {
    width: 100%;
    padding-top: 20px;
    text-align: center;
}
```

8. 设置媒体查询,进行响应式设计

```css
/*设置汉堡菜单的媒体查询*/
@media screen and (max-width:549px) {
```

```css
.header-title {
    margin-left: 0;
    font-size: 2em;
    vertical-align: bottom;
}
.nav {
    z-index: 10;
    background-color: #fff;
    width: 300px;
    position: absolute;
    /*使用 transform 属性将汉堡菜单隐藏*/
    -webkit-transform: translate(-300px, 0);
    transform: translate(-300px, 0);
    /*使用 transition 属性设置过渡效果*/
    transition: transform 0.3s ease;
}
.nav.open {
    -webkit-transform: translate(0, 0);
    transform: translate(0, 0);
}
.nav-item {
    display: list-item;
    border-bottom: 1px solid #E0E0E0;
    width: 100%;
    text-align: left;
}
.header-menu {
    display: inline-block;
    position: absolute;
    right: 0;
    padding: 1em;
}
.header-menu svg {
    width: 32px;
    fill: #E0E0E0;
}
}
@media screen and (min-width:549px) and (max-width:768px) {
    main,
    .header-inner,
    .nav,
    .content {
        max-width: 540px;
        margin-left: auto;
```

```
            margin-right: auto;
        }
    }
    @media screen and (min-width:768px) and (max-width:960px) {
        .content {
            clear: both;
        }
        .photo-show {
            float: left;
            width: 50%;
        }
        .top-news {
            float: right;
            width: 45%;
        }
    }
    @media screen and (min-width:960px) {
        .content {
            clear: both;
        }
        .photo-show {
            float: left;
            width: 50%;
        }
        .top-news {
            float: right;
            width: 50%;
        }
        main,
        .header-inner,
        .nav,
        .content {
            max-width: 960px;
            margin-left: auto;
            margin-right: auto;
        }
    }
```

  本项目一共设置了 4 个媒体查询,第一个媒体查询@media screen and (max-width:549px)表示小屏幕样式,<main>标记中的三个<section>标记垂直排列,有一个汉堡菜单,汉堡菜单目前还不能使用,需要加入 JavaScript 的点击事件。在<body>标记内的<footer>标记后面添加 JavaScript 代码,设置选择 menu 菜单弹出下拉列表框,代码如下。

```
1   <script>
2       var menu = document.querySelector('#menu');
```

```
3      var main = document.querySelector('main');
4      var drawer = document.querySelector('.nav');
5
6      menu.addEventListener('click', function(e) {
7          drawer.classList.toggle('open');
8          e.stopPropagation();
9      });
10     main.addEventListener('click', function() {
11         drawer.classList.remove('open');
12     });
13 </script>
```

第 2 个媒体查询@media screen and (min-width:549px) and (max-width:768px)表示屏幕宽度为 549～768px 的屏幕样式，汉堡菜单消失，导航栏打开；第 3 个媒体查询@media screen and (min-width:768px) and (max-width:960px)表示大屏幕样式，<main>标记中的 div.photo-show 和 div.top-news 排成一行；第 4 个媒体查询@media screen and (min-width:960px)表示超大屏幕样式，页面定宽居中显示。

8.5 项目总结

媒体查询和百分比布局结合可以用来进行响应式设计。在本项目中用到了视口、媒体查询和百分比布局。视口告诉浏览器，网页如何渲染在移动端设备上，百分比布局和媒体查询可以定义网页在各个屏幕上的自适应样式。通过本项目的学习，读者能够掌握媒体查询和百分比布局的作用和使用方法，理解二者在响应式设计中的应用原理；能够通过媒体查询和百分比布局来制作响应式网站。

项目 9　制作个人信息页面

9.1　项目描述

在项目 8 中，通过百分比布局结合媒体查询来进行屏幕适配，这是一种响应式设计。遵循响应式设计的原则，就意味着网站并非固定的单一尺寸，无论采用什么类型的设备，页面都会做出响应并正确调整尺寸，确保网页看起来美观又清晰。因此，响应式设计在各种复杂分辨率条件下能给用户比较好的体验。

本项目利用栅格系统和弹性盒布局实现了一个个人信息页面的响应式设计，在不同屏幕下的效果如图 9-1、图 9-2 和图 9-3 所示。

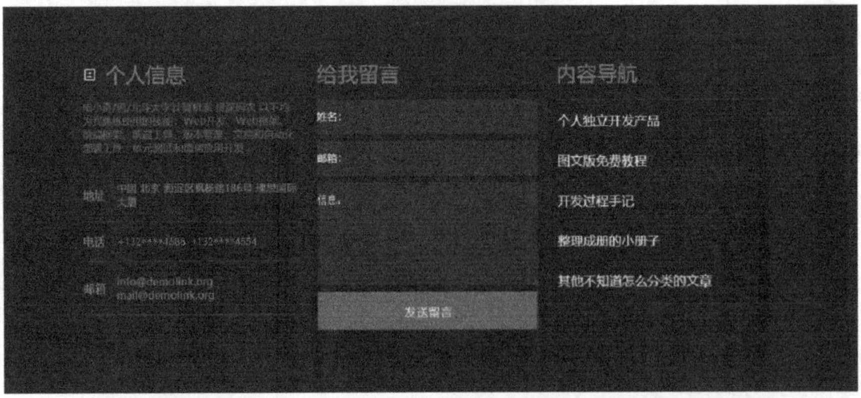

图 9-1　个人信息页面大屏幕效果

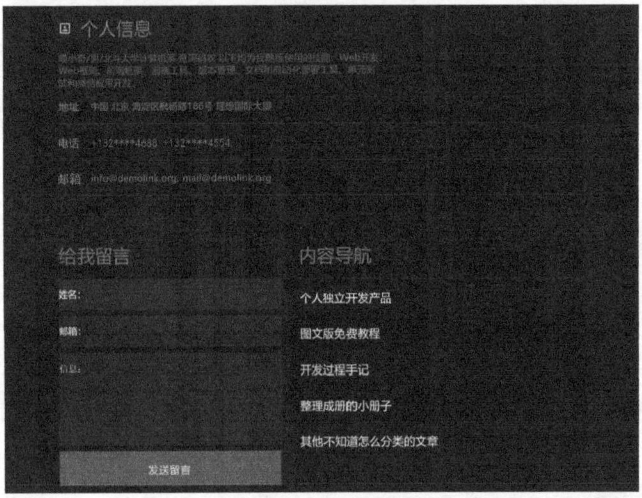

图 9-2　个人信息页面中等屏幕效果

图 9-3 个人信息页面小屏幕效果

9.2 前导知识

9.2.1 栅格系统

响应式可以响应的前提有两点：页面布局具有规律性；元素的宽/高可用百分比代替固定数值。而这两点正是栅格系统本身就具有的典型特点，所以利用栅格系统进行响应式设计是顺理成章的。从前面的内容可知，要让网站根据浏览器视口的大小来改变页面元素的大小，就不能将列宽设为固定的像素，而是应该使用百分比来确定列宽。栅格系统中有一些动态调整的纵列，当窗口变小时，它们将自动顺延到下一行。下面我们通过例 9-1 对栅格系统进行讲解。

例 9-1　example9-1.html

```
1    <!DOCTYPE html>
2    <html>
3    
4        <head>
5            <meta charset="UTF-8">
```

```
6            <meta name="viewport" content="width=device-width,initial-scale=1" />
7            <title></title>
8
9            <style type="text/css">
10               body {
11                   color: white;
12                   font-size: 24px;
13                   text-align: center;
14               }
15
16               .row {
17                   width: 100%;
18               }
19               /*伪元素:after 的一个很重要的用法——清除浮动*/
20
21               .row :after {
22                   clear: left;
23                   content: '';
24                   display: table;       /*该元素会作为块级表格来显示*/
25               }
26
27               .col1 {
28                   width: 20%;
29                   float: left;
30               }
31
32               .col2 {
33                   width: 60%;
34                   float: left;
35               }
36
37               .orange {
38                   background: orange;
39               }
40
41               .green {
42                   background: green;
43               }
44
45               .blue {
46                   background: darkblue;
47               }
48
49               .purple {
```

```
50              background: purple;
51          }
52
53          .red {
54              background: red;
55          }
56
57          @media screen and (max-width: 500px) {
58              .row {
59                  width: 100%;
60              }
61              .col1,
62              .col2 {
63                  float: none;
64                  width: 100%;
65              }
66          }
67      </style>
68  </head>
69
70  <body>
71      <div class="container">
72          <div class="row">
73              <header class="orange">头部</header>
74          </div>
75          <div class="row">
76              <nav class="green col1">导航栏</nav>
77              <article class="purple col2">文章</article>
78              <aside class="blue col1">侧边栏</aside>
79          </div>
80          <div class="row">
81              <footer class="red">页脚</footer>
82          </div>
83      </div>
84
85  </body>
86
87  </html>
```

例 9-1 演示了栅格系统在响应式设计中的应用，当屏幕宽度大于 500px 的时候，导航栏、文章和侧边栏排成一行；当屏幕宽度缩小至 500px 以内的时候，它们自动顺延到下一行。页面效果如图 9-4 所示。

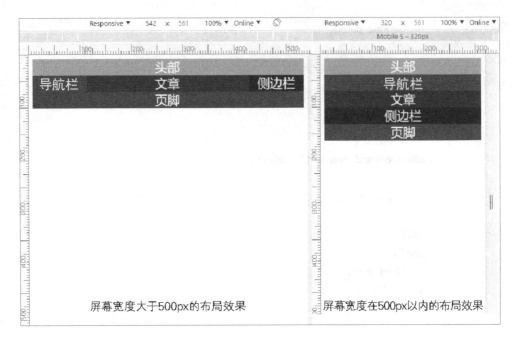

图 9-4　应用栅格系统重新布局页面的效果

9.2.2　弹性盒布局

我们知道，布局的传统解决方案基于盒状模型，依赖 display 属性＋position 属性＋float 属性。盒状模型对于特殊布局非常不方便，比如，垂直居中就不容易实现。2009 年，W3C 提出了一种新的方案——Flex 布局，可以简便、完整、响应式地实现各种页面布局。Flex 是 Flexible Box 的缩写，意思为"弹性盒布局"，用来为盒状模型提供最大的灵活性。任何一个容器都可以指定为 Flex 布局，目前，它已经得到了所有浏览器的支持，这意味着，Flex 布局很有可能成为未来布局的首选方案。

Flex 是一整个模块，并非单一的属性，它涉及的东西比较多，包括一系列属性。其中一些属性是用在容器（父元素）上的，其他一些属性则是用在子元素（项目）上的。如果常规布局是基于"块与行内元素"流向的，Flex 布局则是基于"Flex 流向"的。采用 Flex 布局的元素，称为 Flex 容器（Flex Container）。它的所有子元素自动成为容器成员，称为 Flex 项目（Flex Item）。

1. display 属性

display 属性用来定义 Flex 容器，容器是行内元素还是块元素取决于给定的值，创建 Flex 容器的方法是，把一个容器的 display 属性的属性值改为 flex 或者 inline-flex，如下所示。

```
.container {
    display: flex;   /*或者 inline-flex*/
}
```

完成上一步操作之后，容器中的直系子元素就会变为 flex 元素。所有 CSS 属性都会有一个初始值，所以 Flex 容器中的所有 flex 元素都会有下列行为：元素排列为一行（flex-direction 属性的初始值是 row）；元素从主轴的起始线开始；元素不会在主维度方向拉伸，但是可以缩小；元素被拉伸，用来填充交叉轴大小；flex-basis 属性的属性值为 auto；flex-wrap 属性的属性值为 nowrap。下面通过例 9-2 对 display 属性进行讲解。

例 9-2   example9-2.html

```
1   <!DOCTYPE html>
2   <html>
3
4       <head>
5           <meta charset="UTF-8">
6           <title>flex-direction 和 flex-wrap</title>
7           <style type="text/css">
8               .container {
9                   height: 200px;
10                  background: mistyrose;
11                  display: flex;
12              }
13
14              .item {
15                  width: 150px;
16                  height: 100px;
17                  line-height: 100px;
18                  text-align: center;
19                  background: tomato;
20                  color: white;
21                  font-size: 2em;
22                  margin: auto;
23              }
24          </style>
25      </head>
26
27      <body>
28
29          <div class="container">
30              <div class="item">item1</div>
31              <div class="item">item2</div>
32              <div class="item">item3</div>
33              <div class="item">item4</div>
34
35          </div>
36
37      </body>
38
39  </html>
```

在例 9-2 中，第 11 行 display: flex 表示设置 container 为 Flex 布局，第 22 行 margin: auto 表示让 item 水平垂直居中，效果如图 9-5 所示。

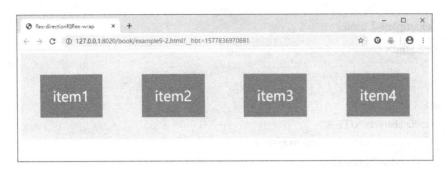

图 9-5 设置 display 属性的属性值为 flex 并让 item 水平垂直居中

2. flex-flow 属性

flex-flow 属性是 flex-direction 属性和 flex-wrap 属性的简写形式。flex-direction 属性决定了 item 的排列方向，flex-wrap 属性决定了 item 是单行排列还是多行排列。

首先介绍 flex-direction 属性。在 Flex 容器中添加 flex-direction 属性，可以让用户更改 flex 元素的排列方向。使用方法如下。

```
.container {
    display: flex;
    flex-direction: row | row-reverse | column | column-reverse;
}
```

flex-direction 属性的初始值是 row，表示元素从主轴的起始线开始排列；设置 flex-direction: row-reverse 可以让元素沿着行的方向排列，但是起始线和终止线的位置会交换；设置 flex-direction: column 可以让主轴和交叉轴交换，元素沿着列的方向排列；设置 flex-direction:column-reverse 可以让起始线和终止线的位置交换。

然后介绍 flex-wrap 属性。在 Flex 容器中添加 flex-wrap 属性可实现多行 Flex 容器，使 Flex 项目应用到多行中。使用方法如下。

```
.container {
    display: flex;
    flex-wrap: nowrap | wrap | wrap-reverse;
}
```

为了实现多行效果，需要为 flex-wrap 属性添加一个属性值 wrap。如果子元素太大，无法全部显示在一行中，则会换行显示。flex-wrap 属性的初始值是 nowrap，子元素将会缩小以适应容器，如果项目的子元素无法缩小，使用 nowrap 则会导致溢出。

flex-flow 属性的默认值为 row nowrap。使用方法如下。

```
.container {
    display: flex;
    flex-flow: <flex-direction> || <flex-wrap>;
}
```

下面通过例 9-3 对 flex-flow 属性进行讲解。

例 9-3　example9-3.html

```
1   <!DOCTYPE html>
```

```
2   <html>
3
4       <head>
5           <meta charset="UTF-8">
6           <title>flex-direction 和 flex-wrap</title>
7           <style type="text/css">
8               .container {
9                   height: 200px;
10                  background: mistyrose;
11                  display: flex;
12                  flex-direction: row;
13                  flex-wrap: wrap;
14              }
15              .item {
16                  width: 300px;
17                  height: 100px;
18                  line-height: 100px;
19                  text-align: center;
20                  background: tomato;
21                  color: white;
22                  font-size: 2em;
23                  margin: 10px 20px;
24              }
25          </style>
26      </head>
27
28      <body>
29
30          <div class="container">
31              <div class="item">item1</div>
32              <div class="item">item2</div>
33              <div class="item">item3</div>
34              <div class="item">item4</div>
35
36          </div>
37
38      </body>
39
40  </html>
```

例 9-3 中增加了 item 的宽度，由于 flex-wrap 属性的默认值是 nowrap，所以子元素会进行缩放以适应容器，而在第 13 行修改 flex-wrap 属性的属性值为 wrap 之后，会让每个 item 实现多行排列，效果如图 9-6 所示。

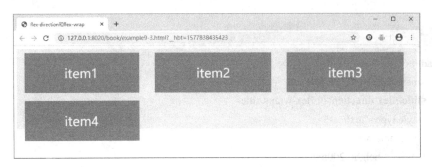

图 9-6　修改 flex-wrap 属性的属性值为 wrap 的效果

例 9-3 中的第 12～13 行代码也可以简写成一个属性，如下所示。

flex-flow: row wrap;

3. justify-content 属性

justify-content 属性定义了项目在主轴上的对齐方式，也就是说，浏览器如何分配顺着父容器主轴的弹性元素之间及其周围的空间。使用方法如下。

```
.container {
justify-content: flex-start | flex-end | center | space-between | space-around;
}
```

justify-content 属性的默认值为 flex-start，表示左对齐；flex-end 表示右对齐；center 表示居中对齐；space-between 表示两端对齐，即项目之间的间隔都相等；space-around 表示每个项目两侧的间隔相等，即项目之间的间隔比项目与边框之间的间隔大一倍。下面通过例 9-4 对 justify-content 属性进行讲解。

例 9-4　example9-4.html

```
1  <!DOCTYPE html>
2  <html>
3
4      <head>
5          <meta charset="UTF-8" />
6          <meta name="viewport" content="width=device-width,initial-scale=1" />
7          <title></title>
8          <style type="text/css">
9              .navigation {
10                 margin: 0;
11                 list-style: none;
12                 background: darkcyan;
13                 display: flex;
14                 flex-flow: row wrap;
15                 justify-content: flex-end;
16             }
17
18             .navigation a {
19                 color: white;
```

```
20              text-decoration: none;
21              display: block;
22              padding: 15px;
23          }
24
25          .navigation a:hover {
26              background: #00BFFF;
27          }
28
29          @media screen and (max-width: 800px) {
30              .navigation {
31                  justify-content: space-around;
32              }
33          }
34
35          @media screen and (max-width: 500px) {
36              .navigation {
37                  flex-flow: column wrap;
38                  padding: 0;
39              }
40              .navigation a {
41                  text-align: center;
42                  padding: 10px;
43                  border-top: 1px solid rgba(255, 255, 255, 0.3);
44                  border-bottom: 1px solid rgba(0, 0, 0, 0.1);
45              }
46              .navigation li:last-of-type a {
47                  border-bottom: none;
48              }
49          }
50      </style>
51  </head>
52
53  <body>
54
55      <ul class="navigation">
56          <li>
57              <a href="#">首页</a>
58          </li>
59          <li>
60              <a href="#">产品</a>
61          </li>
62          <li>
63              <a href="#">关于我们</a>
```

```
64                </li>
65            <li>
66                <a href="#">联系我们</a>
67            </li>
68        </ul>
69
70    </body>
71
72 </html>
```

例9-4演示了一个响应式的导航栏，屏幕宽度大于800px时，导航栏选项靠右对齐，所以第15行代码设置justify-content: flex-end；导航栏选项在中等屏幕上平均分布，所以第31行代码设置justify-content: space-around；导航栏选项在小屏幕上垂直排列，所以第37行代码设置flex-flow: column wrap。效果如图9-7所示。

图9-7 响应式导航栏效果

4. align-items 属性

align-items属性用于定义项目在交叉轴上如何对齐。align-items属性将所有直接子节点上的align-self属性的属性值设置为一组，align-self属性用于设置项目在其包含块中垂直方向上的对齐方式。align-items属性的使用方法如下。

```
.container{
    align-items: flex-start | flex-end | center | baseline | stretch;
}
```

align-items属性可以取5个值，flex-start表示交叉轴的起点对齐；flex-end表示交叉轴的终点对齐；center表示交叉轴的中点对齐；baseline表示项目的第1行文字的基线对齐；默认值是stretch，表示如果项目未设置高度或高度设置为auto，则占满整个容器的高度。下面通过例9-5对align-items属性进行讲解。

例9-5   example9-5.html

```
1    <!DOCTYPE html>
2    <html>
3
```

```
4       <head>
5           <meta charset="UTF-8">
6           <title></title>
7           <style type="text/css">
8               .container {
9                   height: 200px;
10                  background: mistyrose;
11                  display: flex;
12                  justify-content: space-around;
13                  align-items: flex-end;
14              }
15
16              .item {
17                  width: 150px;
18                  height: 100px;
19                  line-height: 100px;
20                  text-align: center;
21                  background: tomato;
22                  color: white;
23                  font-size: 2em;
24
25              }
26          </style>
27      </head>
28
29      <body>
30
31          <div class="container">
32              <div class="item">item1</div>
33              <div class="item">item2</div>
34              <div class="item">item3</div>
35              <div class="item">item4</div>
36
37          </div>
38
39      </body>
40
41  </html>
```

在例 9-5 中，justify-content 属性和 align-items 属性设置了子元素在水平和垂直方向上的排列方式。设置 align-items 属性的属性值为 flex-end 的效果如图 9-8 所示。

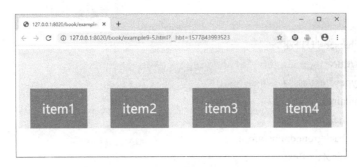

图 9-8 设置 align-items 属性的属性值为 flex-end 的效果

5. order 属性

在默认情况下，在弹性盒布局中，子元素按照文档流出现的先后顺序排列。但 order 属性可以控制子元素在伸缩容器内的显示顺序。order 属性用于定义项目的排列顺序。数值越小，排列顺序越靠前，默认值为 0。使用方法如下。

```
.item {
    order: <integer>;
}
```

下面通过例 9-6 对 order 属性进行讲解。

例 9-6　example9-6.html

```
1  <!DOCTYPE html>
2  <html>
3  
4      <head>
5          <meta charset="UTF-8">
6          <meta name="viewport" content="width=device-width,initial-scale=1" />
7          <title></title>
8  
9          <style type="text/css">
10             body {
11                 color: white;
12                 font-size: 24px;
13                 text-align: center;
14             }
15  
16             .container {
17                 width: 100%;
18                 display: flex;
19                 flex-wrap: wrap;
20             }
21  
22             .box {
23                 width: 100%;
24             }
```

```
25
26              .orange {
27                  background: orange;
28              }
29
30              .green {
31                  background: green;
32              }
33
34              .blue {
35                  background: darkblue;
36              }
37
38              .purple {
39                  background: purple;
40              }
41
42              .red {
43                  background: red;
44              }
45
46              @media screen and (min-width: 500px) {
47                  .blue {
48                      width: 40%;
49                  }
50                  .purple {
51                      width: 60%;
52                  }
53              }
54
55              @media screen and (min-width: 800px) {
56                  .green {
57                      width: 20%;
58                      order: 1;
59                  }
60                  .purple {
61                      width: 50%;
62                      order: 2
63                  }
64                  .blue {
65                      width: 30%;
66                      order: 3
67                  }
68                  .red{
```

```
69                    order: 4;
70                 }
71            }
72        </style>
73    </head>
74
75    <body>
76        <div class="container">
77            <header class="box orange">头部</header>
78            <nav class="box green">导航栏</nav>
79            <aside class="box blue">侧边栏</aside>
80            <article class="box purple">文章</article>
81            <footer class="box red">页脚</footer>
82        </div>
83    </body>
84
85 </html>
```

例9-6实现了一种常见的响应式页面布局,当页面足够大的时候,从上到下分成头部(<header>)、躯干(<body>)和尾部(<footer>)三部分,其中,躯干水平分成三栏,从左到右分别为导航栏、文章和侧边栏。在本例中,当屏幕尺寸增大到800px以上时,执行媒体查询@media screen and (min-width: 800px),重新设置导航栏、文章、侧边栏和页脚的order属性的属性值大小,重新排列侧边栏和文章的顺序,例9-6中使用百分比布局控制项目大小,页面效果如图9-9所示。

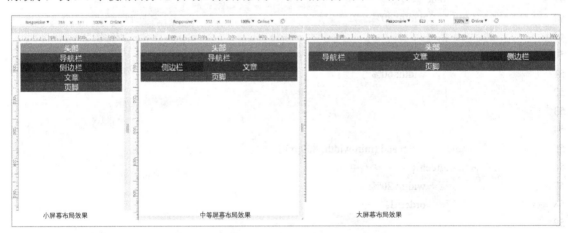

图9-9 使用order属性设置响应式页面的效果

6. flex属性

flex属性是flex-grow、flex-shrink和flex-basis属性的简写形式,默认值为0 1 auto。该属性有两个快捷值：auto（1 1 auto）和none（0 0 auto）。建议读者优先使用flex属性,而不是单独写三个分离的属性,因为浏览器会推算相关值。其使用方法如下。

```
.item {
    flex: none | [ <'flex-grow'> <'flex-shrink'>? || <'flex-basis'> ]
```

}

其中，flex-grow 属性用于定义项目的放大比例，默认值为 0，即如果存在剩余空间，也不放大。如果所有项目的 flex-grow 属性的属性值都为 1，则它们将等分剩余空间（如果有剩余空间）。如果一个项目的 flex-grow 属性的属性值为 2，其他项目的 flex-grow 属性的属性值都为 1，则前者占据的剩余空间将比其他项多一倍。其使用方法如下。

```
.item {
flex-grow: <number>; /*默认值为 0*/
}
```

flex-shrink 属性用于定义项目的缩小比例，默认值为 1，即如果空间不足，该项目将缩小。如果所有项目的 flex-shrink 属性的属性值都为 1，则当空间不足时，它们将等比例缩小。如果一个项目的 flex-shrink 属性的属性值为 0，其他项目的 flex-shrink 属性的属性值都为 1，则当空间不足时，前者不缩小。负值对该属性无效。其使用方法如下。

```
.item {
flex-shrink: <number>; /*默认值为 1*/
}
```

flex-basis 属性用于定义在分配多余空间之前，项目占据的主轴空间（Main Size）。浏览器将根据 flex-basis 属性，计算主轴是否有多余空间。它的默认值为 auto，即项目的本来大小。它可以设置为与 width 或 height 属性一样的值，表示项目将占据固定空间。其使用方法如下。

```
.item {
flex-basis: <length>; | auto; /*默认值为 auto*/
}
```

下面通过例 9-7 对 flex 属性进行讲解。

例 9-7　example9-7.html

```
1   <!DOCTYPE html>
2   <html>
3
4       <head>
5           <meta charset="UTF-8">
6           <meta name="viewport" content="width=device-width,initial-scale=1" />
7           <title></title>
8
9           <style type="text/css">
10              body {
11                  color: white;
12                  font-size: 24px;
13                  text-align: center;
14              }
15
16              .container {
17                  width: 100%;
```

```css
18            display: flex;
19            flex-wrap: wrap;
20        }
21
22        .box {
23            flex: 1 100%;
24        }
25
26        .orange {
27            background: orange;
28        }
29
30        .green {
31            background: green;
32        }
33
34        .blue {
35            background: darkblue;
36        }
37
38        .purple {
39            background: purple;
40        }
41
42        .red {
43            background: red;
44        }
45
46        @media screen and (min-width: 500px) {
47            .blue {
48                flex: 1 auto;
49            }
50            .green {
51                flex: 1 auto;
52            }
53        }
54
55        @media screen and (min-width: 800px) {
56            .blue {
57                flex: 1 auto;
58                order: 1;
59            }
60            .purple {
61                flex: 2 auto;
```

```
62                  order: 2;
63              }
64                  .green {
65                  flex: 1 auto;
66                  order: 3;
67              }
68                  .red {
69                  order: 4;
70              }
71          }
72      </style>
73  </head>
74
75  <body>
76      <div class="container">
77          <header class="box orange">头部</header>
78          <article class="box purple">文章</article>
79          <aside class="box blue">侧边栏 1</aside>
80          <nav class="box green">侧边栏 2</nav>
81          <footer class="box red">页脚</footer>
82      </div>
83  </body>
84
85  </html>
```

例 9-7 实现了另一种常见的页面布局，当页面足够大的时候，从上到下分成头部（<header>）、躯干（<body>）和尾部（<footer>）三部分，其中，躯干水平分成三栏，从左到右为侧边栏 1、文章、侧边栏 2。在本例中，当屏幕尺寸增大到 800px 以上时，执行媒体查询@media screen and (min-width: 800px)，重新设置侧边栏 1、文章、侧边栏 2 和页脚的 order 属性的属性值大小，重新排列项目顺序。例 9-7 使用 flex 属性来分配项目大小，页面效果如图 9-10 所示。

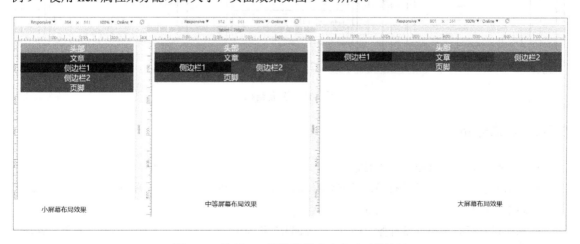

图 9-10　使用 flex 属性设置响应式页面的效果

7. align-self 属性

align-self 属性允许单个项目有与其他项目不一样的对齐方式，可覆盖 align-items 属性。该属性的默认值为 auto，表示继承父元素的 align-items 属性，如果没有父元素，则等同于 stretch。其使用方法如下。

```
.item {
    align-self: auto | flex-start | flex-end | center | baseline | stretch;
}
```

注意：float、clear 和 vertical-align 属性对伸缩项目没有作用。

9.3 项目分析

9.3.1 页面结构分析

有了前导知识作铺垫，接下来我们进行项目分析。页面结构如图 9-11 所示。

如图 9-11 所示，个人信息页面设置成一个整体的<section>，其中包含 3 个 aside，分别对应 3 部分：个人信息、给我留言和内容导航。个人信息部分的标题包含小图标和文字，用<div>来布局，联系信息部分也可以用一个大的<div>来布局；给我留言部分包括一个标题<h3>和一个 form 表单，用<div>来布局存放表单的元素；内容导航部分包括一个标题<h3>和一个<ul><li>列表。

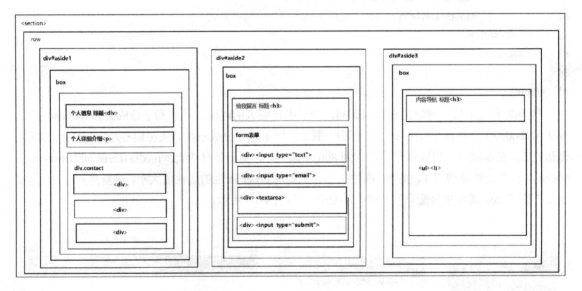

图 9-11　页面结构

9.3.2 样式分析

- 整个<section>在页面中应该设置为 100%，并加上视口 meta_viewport。
- 使用弹性盒对页面进行布局，设置容器 row 的布局为 flex，分别对应项目#aside1、#aside2 和 #aside3，将其作为该容器的 3 个子元素。
- 初始状态可以从小屏幕开始，#aside1、#aside2 和#aside3 都设置为 flex:1 100%，3 个项目垂直排列；当放大到中等屏幕时，设置媒体查询，使#aside1 在第 1 行，#aside2 和#aside3 在第 2 行排列；当放大到大屏幕时，设置媒体查询，使 3 个 aside 在一行排列。
- 在每个 aside 内部还可以使用 flex 布局，比如，第 1 个 aside 中 div.contact 的每个 item 又可以设置成 flex，进行横向布局。
- 在#aside2 部分的表单中加上非空校验和邮箱格式校验。
- 给#aside3 部分的<ul>标记设置鼠标经过时的背景色和字体样式效果。

9.4 项目实践

9.4.1 制作页面结构

① 对项目的页面结构和样式有所了解以后，用户即可开始编写代码来制作个人信息页面。该项目的整体架构如下所示。

```
1  <section>
2      <div class="row">
3          <div id="aside1">
4              <div class="box">
5                  <div>图标和标题</div>
6                  <p>个人信息标题</p>
7                  <div>地址、电话、邮箱</div>
8              </div>
9          </div>
10         <div id="aside2">
11             <h3>给我留言标题</h3>
12             <div class="box">
13                 <form action="" method="post">
14                     <div>text 控件</div>
15                     <div>email 控件</div>
16                     <div>textarea 多行输入框</div>
17                     <div>submit 按钮</div>
18                 </form>
19             </div>
20         </div>
21         <div id="aside3">
22             <div class="box">
23                 <h3>内容导航标题</h3>
24                 <ul>
25                     <li></li>
26                     <li></li>
27                     <li></li>
28                     <li></li>
29                     <li></li>
30                 </ul>
31
```

```
32                    </div>
33                </div>
34            </div>
35 </section>
```

② 按照整体架构编写完整的 HTML 代码。

```
1  <!DOCTYPE html>
2  <html>
3
4      <head>
5          <meta charset="UTF-8">
6          <meta name="viewport" content="width=device-width,initial-scale=1" />
7          <title>个人信息</title>
8          <link rel="stylesheet" type="text/css" href="css/style.css" />
9
10     </head>
11
12     <body>
13         <section class="container-fluid   section-classic bg-image-1">
14             <div class="container">
15                 <div class="row justify-content-center">
16                     <div id="aside1">
17                         <div class="box">
18                             <div class="brand">
19                                 <a href="#">
20                                     <img src="img/portrait.png" alt="" class="menu_square_large" />
21                                     <span class="info-title">个人信息</span>
22                                 </a>
23                             </div>
24                             <p class="text-width-medium">喵小奇/男/北斗大学计算机系 资深码农 以下均为我熟练使用的技能：Web 开发、Web 框架、前端框架、前端工具、版本管理、文档和自动化部署工具、单元测试和微信应用开发。</p>
25                             <div class="contact-classic">
26                                 <div class="contact-classic-item">
27                                     <div class="unit align-items-center">
28                                         <div class="unit-left">
29                                             <h6 class="contact-classic-title">地址</h6>
30                                         </div>
31                                         <div class="unit-body contact-classic-link">
32                                             <a href="#">中国 北京 海淀区枫杨路 186 号 理想国际大厦</a>
33                                         </div>
34                                     </div>
35                                 </div>
```

36	`<div class="contact-classic-item">`
37	`<div class="unit align-items-center">`
38	`<div class="unit-left">`
39	`<h6 class="contact-classic-title">电话</h6>`
40	`</div>`
41	`<div class="unit-body contact-classic-link">`
42	`<a href="#">+132****4688</a>,`
43	`<a href="#"> +132****4554</a>`
44	`</div>`
45	`</div>`
46	`</div>`
47	`<div class="contact-classic-item">`
48	`<div class="unit align-items-center">`
49	`<div class="unit-left">`
50	`<h6 class="contact-classic-title">邮箱</h6>`
51	`</div>`
52	`<div class="unit-body contact-classic-link">`
53	`<a href="#"> info@demolink.org</a>,`
54	`<a href="#"> mail@demolink.org</a>`
55	`</div>`
56	`</div>`
57	`</div>`
58	
59	`</div>`
60	
61	`</div>`
62	
63	`</div>`
64	`<div id="aside2">`
65	`<div class="box">`
66	`<h3 class="font-weight-normal">给我留言</h3>`
67	`<form class="rd-form" method="post" action="#">`
68	`<div class="form-wrap">`
69	`<input class="form-input" type="text" name="name" placeholder="姓名：">`
70	`</div>`
71	`<div class="form-wrap">`
72	`<input class="form-input" type="email" name="email" placeholder="邮箱：">`
73	`</div>`
74	`<div class="form-wrap">`
75	`<textarea class="form-input form-textarea" id="contact-message-6" name="message" placeholder="信息："></textarea>`
76	`</div>`

```html
77                    <div class="form-wrap">
78                        <button class="button" type="submit">发送留言</button>
79                    </div>
80                </form>
81            </div>
82
83        </div>
84        <div id="aside3">
85            <div class="box">
86                <h3 class="font-weight-normal">内容导航</h3>
87                <ul class="list-category">
88                    <li class="heading-5">
89                        <a href="#">个人独立开发产品<span></span></a>
90                    </li>
91                    <li class="heading-5">
92                        <a href="#">图文版免费教程<span></span></a>
93                    </li>
94                    <li class="heading-5">
95                        <a href="#">开发过程手记<span></span></a>
96                    </li>
97                    <li class="heading-5">
98                        <a href="#">整理成册的小册子<span></span></a>
99                    </li>
100                   <li class="heading-5">
101                       <a href="#">其他不知道怎么分类的文章<span></span></a>
102                   </li>
103               </ul>
104           </div>
105
106       </div>
107     </div>
108
109   </div>
110
111  </section>
112
113 </body>
114
115 </html>
```

9.4.2 定义 CSS 样式

① 用户可以在编写 HTML 代码的同时对 CSS 样式进行定义。首先定义全局样式。

```css
/*通用样式设置*/

* {
    margin: 0px;
    padding: 0px;
    box-sizing: border-box;
}
.container-fluid {
    width: 100%;
}

.container {
    padding-right: 15px;
    padding-left: 15px;
}

.section-classic {
    padding: 50px 0;
    color: rgba(255, 255, 255, .3);
    background: #212733;
}

.row {
    display: flex;
    flex-wrap: wrap;
    margin-right: -15px;
    margin-left: -15px;
}

#aside1,
#aside2,
#aside3 {
    flex: 1 100%;
}

.justify-content-center {
    justify-content: center !important;
}

.box {
    text-align: left;
    min-height: 100%;
    padding: 40px 15px;
    letter-spacing: .025em;
}
```

② 定义#aside1 个人信息部分的样式。

```css
/*定义#aside1 个人信息部分的样式*/

.brand a {
    color: #00aff0;
    font-size: 2em;
}

.bg-image-1 {
    background: url(../img/bg-image-1-1770x560.jpg);
}

.menu_square_large {
    display: inline-block;
    width: 24px;
    height: 24px;
    margin-right: 5px;
}

.text-width-medium {
    max-width: 600px;
    margin-top: 20px;
}

.contact-classic-item {
    padding: 20px 0;
    border-bottom: 1px solid rgba(255, 255, 255, .15);
}

.unit {
    display: flex;
    flex: 0 1 100%;
    margin-bottom: -30px;
    margin-left: -20px;
    }

.align-items-center {
    align-items: center !important;
}

.unit-left {
    flex: 0 0 auto;
}
```

```css
.unit-body {
    flex: 0 1 auto;
}

.unit>* {
    margin-bottom: 30px;
    margin-left: 20px;
}

.contact-classic-title {
    color: #29c5ff;
    margin-top: 1px;
    letter-spacing: .025em;
}

h6 {
    font-size: 18px;
    line-height: 1;
    font-weight: 500;
    letter-spacing: .1em;
}

a,
a:focus,
a:active {
    color: #00aff0;
}

a,
a:focus,
a:active,
a:hover {
    text-decoration: none;
}
```

③ 定义#aside2 给我留言部分的样式。

```css
/*定义#aside2 给我留言部分的样式*/

.font-weight-normal {
    font-weight: 400 !important;
    font-size: 2em;
    color: #00aff0;
}
```

```css
.rd-form {
    margin-top: 20px;
    text-align: left;
}

.form-wrap {
    width: 100%;
}

.form-input {
    display: block;
    width: 100%;
    font-size: 16px;
    padding-top: 18px;
    padding-bottom: 18px;
    border: none;
    color: #fff;
    background: rgba(255, 255, 255, .06);
}

.form-textarea {
    min-height: 160px;
}

.form-input::-webkit-input-placeholder {
    font-size: 16px;
    color: #FFFFFF;
}

.button {
    display: block;
    width: 100%;
    color: #fff;
    background-color: #008abd;
    border-color: #008abd;
    min-width: 222px;
    padding: 17px 33px 15px;
    font-size: 18px;
    letter-spacing: .075em;
}

*+.form-wrap {
    margin-top: 10px;
```

```css
    margin-bottom: 10px;
}
```

④ 定义#aside3 内容导航部分的样式。

```css
/*定义#aside3 内容导航部分的样式*/

*+.list-category {
    margin-top: 20px;
}

.list-category li:first-child {
    border-top: 1px solid rgba(255, 255, 255, .15);
}

.heading-5 {
    font-size: 20px;
    line-height: 1;
    font-weight: 500;
    /*color: rgba(255, 255, 255, .15);*/
    color: #fff;
}

ul {
    list-style: none;
}

.list-category {
    display: block;
    width: 100%;
}

.list-category a {
    position: relative;
    display: block;
    padding: 22px 40px 20px 2px;
    transition: color .3s ease-in-out, all .3s ease;
    background-color: transparent;
}

.list-category a {
    color: #fff;
}

.list-category a:hover {
```

```
    letter-spacing: .1em;
    background-color: #29c5ff
}

*+.list-category {
    margin-top: 20px
}
```

⑤ 设置媒体查询。

```
@media only screen and (min-width:576px) and (max-width:768px) {
    .container {
        max-width: 540px;
        margin-left: auto;
        margin-right: auto;
    }
}

@media only screen and (min-width:768px) and (max-width:1200px) {

    .container {
        max-width: 960px;
        margin-left: auto;
        margin-right: auto;
    }

    .row{
        justify-content: space-between;
    }

    #aside1 {
        flex: 1 100%;
        order: 1
    }
    #aside2 {
        flex: 1 auto;
        order: 2
    }
    #aside3 {
        flex: 1 auto;
        order: 3
    }
}

@media only screen and (min-width:1200px) {
```

```css
.container {
    max-width: 1140px;
    margin-left: auto;
    margin-right: auto;
}

.row{
    flex-flow: nowrap;
}
```

本项目一共设置了 3 个屏幕样式，首先是默认的小屏幕样式，3 个 aside 垂直排列，第 1 个媒体查询@media only screen and (min-width:576px) and (max-width:768px)表示屏幕宽度为 576～768px 的小屏幕样式；第 2 个媒体查询@media only screen and (min-width:768px) and (max-width:1200px)表示屏幕宽度为 768～1200px 的中等屏幕样式；第 3 个媒体查询@media only screen and (min-width:1200px)表示大屏幕样式。

9.5 项目总结

弹性盒是 CSS3 的一种新的布局模式，适用于响应式设计。弹性盒布局常用于响应式页面设计中，弹性盒布局非常灵活，任意一个容器都可以指定为弹性盒布局，块元素只需要将 display 属性的属性值设置为 flex 即可。通过本项目的学习，读者能够掌握弹性盒布局中各个属性的作用和使用方法，理解栅格系统和弹性盒布局在响应式设计中的应用；能够通过栅格系统和弹性盒布局来制作响应式网站。

项目 10 制作物流公司响应式网站

10.1 项目描述

由于移动设备方便携带，目前移动端用户数量倍增，已超过 PC 端，所以各大企业比较注重网站的响应式开发。本项目将带领读者完成一个物流公司网站首页的响应式页面设计，PC 端首页展示效果如图 10-1、图 10-2 和图 10-3 所示。

图 10-1 PC 端首页展示效果——上部

图 10-2　PC 端首页展示效果——中部

图 10-3　PC 端首页展示效果——下部

iPad 首页展示效果如图 10-4、图 10-5 和图 10-6 所示。

图10-4 iPad首页展示效果——上部

图10-5 iPad首页展示效果——中部

图10-6 iPad首页展示效果——下部

iPhone6/7/8 首页展示效果如图 10-7、图 10-8 和图 10-9 所示。

图 10-7　iPhone6/7/8 首页展示效果——上部

图 10-8　iPhone6/7/8 首页展示效果——中部

图 10-9　iPhone6/7/8 首页展示效果——下部

10.2 页面结构搭建

10.2.1 页面结构搭建的内容

- 完成视口的配置；
- 完成自定义的 CSS 文件（index-style.css）和 JavaScript 文件（jquery.min.js）的引入；
- 完成页面中模块的分配，即最外层的盒子。

10.2.2 模块结构

页面基本配置和文件引入完成后，开始进行模块的分配。页面从上到下分别为顶部通栏、导航栏、轮播图、关于我们模块、我们的优势模块、我们的服务模块、运输物流模块、最新资讯模块和版尾，所有模块使用通栏布局，整体结构如图 10-10 所示。

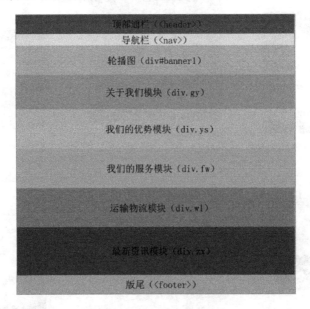

图 10-10 页面模块整体结构

10.2.3 代码实现

对页面模块整体结构有所了解以后，下面开始编写代码。

① index.html 文件的页面结构代码如下。

```
1   <!DOCTYPE html>
2   <html>
3    <head>
4        <meta charset="UTF-8" />
5        <title>MOU 物流</title>
6        <meta name="viewport" content="user-scalable=no, width=device-width,initial-scale=1.0,
7        maximum-scale=1.0" />
```

```
8       <link rel="stylesheet" type="text/css" href="css/index-style.css"/>
9       <script type="text/javascript" src="js/jquery.min.js"></script>
10    </head>
11    <body>
12        <!--顶部通栏-->
13        <header>
14        </header>
15        <!--导航栏-->
16        <nav>
17        </nav>
18        <!--轮播图-->
19        <div id="banner1">
20        </div>
21        <!--关于我们模块-->
22        <div class="gy">
23        </div>
24        <!--我们的优势模块-->
25        <div class="ys">
26        </div>
27        <!--我们的服务模块-->
28        <div class="fw">
29        </div>
30        <!--运输物流模块-->
31        <div class="wl">
32        </div>
33        <!--最新资讯模块-->
34        <div class="zx">
35        </div>
36        <!--版尾-->
37        <footer>
38        </footer>
39    </body>
40 </html>
```

② 在 index-style.css 文件中添加全局样式代码。

```
html{box-sizing: border-box; }
*{padding:0px;margin:0px;box-sizing: inherit; }
li{ list-style: none;}
a{ text-decoration: none;}
img{ max-width: 100%; width: auto; height: auto;}
```

10.3 顶部通栏

10.3.1 顶部通栏结构

顶部通栏在 PC 端的页面效果如图 10-11 所示。

图 10-11　顶部通栏在 PC 端的页面效果

顶部通栏在 iPad 上的页面效果如图 10-12 所示。

图 10-12　顶部通栏在 iPad 上的页面效果

顶部通栏在 iPhone6/7/8 上的页面效果如图 10-13 所示。

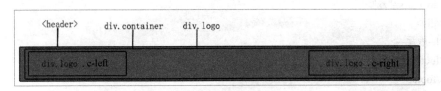

图 10-13　顶部通栏在 iPhone6/7/8 上的页面效果

在了解了顶部通栏的页面效果后，下面来分析它的页面结构，如图 10-14 所示。

图 10-14　顶部通栏页面结构

10.3.2 代码实现

对顶部通栏的页面结构有所了解以后，下面开始编写代码。

① 在 index.html 文件中添加如下代码。

```
1  <!--顶部通栏-->
2      <header>
3          <div class="container">
4              <div class="logo">
5                  <div class="c-left">
6                      <h1>MOU 物流<i>给您最安全、最便捷的运输</i></h1>
```

```
7                    </div>
8                    <div class="c-right">
9                        <img src="img/ph.png"/><span>400-12345678</span>
10                   </div>
11               </div>
12           </div>
13       </header>
```

② 在 index-style.css 文件中添加如下样式代码。

```
/*顶部通栏的样式*/
header{background-color: #1E50AE; width: 100%;}
.container{width: 92%; margin:0px auto;}
.logo{width: 100%; display: flex ; flex-flow: row ;}
.logo .c-left{ padding: 5px; flex: 3;}
.logo .c-left h1{font-size: 1.75rem; margin: 0; line-height: 75px;color: #FFFFFF; }
.logo .c-left h1 i{ font-size: 1rem; margin-left: 20px;}
.logo .c-right{padding: 5px; flex:2;text-align: right;}
.logo .c-right img{ vertical-align: middle; }
.logo .c-right span{ font-size:1.25rem ; color: white ;}
/*当屏幕宽度小于或等于768px时，顶部通栏的样式*/
@media only screen and (max-width:768px ) {
    header{padding: 25px 0;}
    .logo .c-right{display:none ;}}
/*当屏幕宽度小于或等于480px时，顶部通栏的样式*/
@media only screen and (max-width:480px ){
   .logo .c-left h1{font-size: 1.2rem; }
.logo .c-left h1 i{ font-size: 1rem; margin-left: 20px;}}
```

10.4 导航栏

10.4.1 导航栏结构

导航栏在 PC 端的页面效果如图 10-15 所示。

图 10-15　导航栏在 PC 端的页面效果

鼠标指针悬停在"关于我们"导航栏选项上时，PC 端的页面效果如图 10-16 所示。

图 10-16　鼠标指针悬停在"关于我们"导航栏选项上的 PC 端页面效果

导航栏在 iPad 或 iPhone6/7/8 上的页面效果如图 10-17 所示。

图 10-17　导航栏在 iPad 或 iPhone6/7/8 上的页面效果

单击汉堡菜单展开按钮后导航栏在 iPad 或 iPhone6/7/8 上的页面效果如图 10-18 所示。

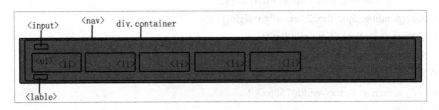

图 10-18　单击汉堡菜单展开按钮后导航栏在 iPad 或 iPhone6/7/8 上的页面效果

在了解了导航栏的页面效果后，下面来分析它的页面结构，如图 10-19 所示。

图 10-19　导航栏页面结构

10.4.2　代码实现

对导航栏的页面结构有所了解以后，下面开始编写代码。

① 在 index.html 文件中添加如下代码。

```
1   <!--导航栏-->
2   <nav>
3       <div class="container">
4           <input type="checkbox" id="togglebox" />
5           <ul>
6               <li class="one"><a href="index.html">网站首页</a></li>
7               <li><a href="index.html">关于我们</a></li>
8               <li><a href="index.html">服务案例</a></li>
9               <li><a href="index.html">新闻中心</a></li>
10              <li><a href="index.html">联系我们</a></li>
11          </ul>
12          <label class="menu" for="togglebox"><img src="img/icon.png"></label>
13      </div>
14  </nav>
```

上述代码中的第 4 行和第 12 行用于实现当网页在 iPad 上显示时，原导航栏消失，显示汉堡菜单。

② 在 index-style.css 文件中添加如下样式代码。

```
/*导航栏的样式*/
nav{position: relative;z-index: 999;padding:15px 0% ;}
nav li{ display: inline-block;margin-left:30px ;   margin-right:30px ; }
nav ul li a{ color: gray; font-size:1rem; }
nav ul .one a{ color: #1E50AE; font-weight: 800;}
nav ul li a:hover{ color: #1E50AE;}
nav input[type="checkbox"],.menu{position: absolute; right: 2%; top:0px;display: none;}
/*当屏幕宽度小于或等于768px 时，导航栏的样式*/
@media only screen and (max-width:768px ) {
    .logo .c-right{display:none ;}
    .menu{ display: block; cursor: pointer;}
    .menu img{max-width: 100%;}
    nav ul{ display: none;}
    nav input[type="checkbox"]:checked ~ ul{ display: block;}
    nav ul li{width:100%; display: inline-block; text-align: center; margin: 10px 0px;} }
/*当屏幕宽度小于或等于480px 时，导航栏的样式*/
@media only screen and (max-width:480px ){
    .logo .c-left h1{font-size: 1.2rem; }
    .logo .c-left h1 i{ font-size: 1rem; margin-left: 20px;}
```

10.5 轮播图

10.5.1 轮播图结构

轮播图在 PC 端的页面效果如图 10-20 所示。

图 10-20　轮播图在 PC 端的页面效果

轮播图在 iPad 或 iPhone6/7/8 上的页面效果如图 10-21 所示。

图 10-21　轮播图在 iPad 或 iPhone6/7/8 上的页面效果

在了解了轮播图的页面效果后，下面来分析它的页面结构，如图 10-22 所示。

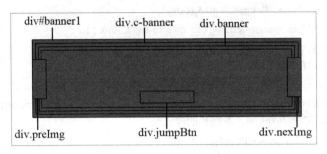

图 10-22　轮播图页面结构

10.5.2　代码实现

对轮播图的结构有所了解后，开始实现代码。

① 在 index.html 文件中添加如下代码。

```
1   <!--轮播图-->
2       <div id="banner1">
3           <div class="c-banner">
4               <div class="banner">
5                   <ul>
6                       <li><img src="img/banner1.jpg"></li>
7                       <li><img src="img/banner2.jpg"></li>
8                       <li><img src="img/banner3.jpg"></li>
9                   </ul>
10              </div>
11              <div class="nexImg">
12                  <img src="img/nexImg.png" />
13              </div>
14              <div class="preImg">
15                  <img src="img/preImg.png" />
16              </div>
17              <div class="jumpBtn">
18                  <ul>
19                      <li jumpImg="0"></li>
20                      <li jumpImg="1"></li>
21                      <li jumpImg="2"></li>
22                  </ul>
23              </div>
24          </div>
25      </div>
```

② 在 index-style.css 文件中添加如下样式代码。

```
/*轮播图的样式*/
.c-banner{
```

```css
        width: 100%;
        position: relative;}
.c-banner img{
        width: 100%;}
.c-banner .banner ul{
        list-style: none;
        padding-left: 0px;
        margin-bottom: 0px;}
.c-banner .banner ul li{
        position: absolute
        display: none;
        opacity: 0;}
.c-banner .banner ul li:nth-child(1){
        opacity: 1;
        display: block;}
.c-banner .banner ul li img{
        width: 100%;
        position: absolute;
        top: 0px;}
.c-banner .banner ul li:first-child img{
        position: relative;}
.c-banner .nexImg,.c-banner .preImg{
        padding: 25px 10px 25px 10px;
        position: absolute;
        top: 50%;
        margin-top: -53px;
        background: #000000;
        opacity: 0.5;
        border-radius: 5px;
        z-index: 10;   }
.c-banner .nexImg:hover,.c-banner .preImg:hover{
        opacity: 0.8;}
.c-banner .nexImg{
        right: 0px;}
.c-banner .jumpBtn{
        width: 100%;
        position: absolute;
        bottom: 20px;
        text-align: center;}
.c-banner .jumpBtn ul{
        margin-bottom: 0px;
        padding: 0px;}
.c-banner .jumpBtn ul li{
        width: 30px;
```

```
            height: 30px;
            border-radius: 50%;
            display: inline-block;
            background-color: white;
            opacity: 0.9;
            margin-left: 10px;}
    .c-banner .jumpBtn ul li:first-child{
            margin-left: 0px;}
    /*当屏幕宽度小于或等于768px 时，轮播图的样式*/
    @media screen and (max-width:768px) {
        .c-banner{
            width: 100%;
            height: auto;
            overflow: hidden;}
        .c-banner .banner ul li img{
            width:100%;
            height: auto;
            position: absolute; }
        .c-banner .jumpBtn{ display:none ;}
        .c-banner .nexImg,.c-banner .preImg{
         display:none ;         }      }
```

10.6 关于我们模块

10.6.1 关于我们模块结构

关于我们模块在 PC 端的页面效果如图 10-23 所示。

图 10-23　关于我们模块在 PC 端的页面效果

关于我们模块在 iPad 或 iPhone6/7/8 上的页面效果如图 10-24 所示。

在了解了关于我们模块的页面效果后，下面来分析它的页面结构，如图 10-25 所示。

图 10-24 关于我们模块在
iPhone6/7/8 上的页面效果

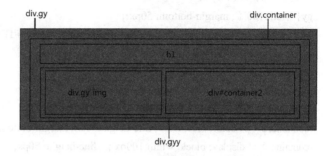

图 10-25 关于我们模块页面结构

10.6.2 代码实现

对关于我们模块的页面结构有所了解以后,下面开始实现代码。

① 在 index.html 文件中添加如下代码。

```
1   <!--关于我们模块-->
2   <div class="gy">
3       <div class="container">
4           <h1>关于我们/<span>About us</span></h1>
5   
6           <div class="gyy">
7               <div class="gy-img">
8                   <img src="img/ab.png">
9               </div>
10              <div id="container2">
11                  <p>
12                      <span>MOU 物流经过多年的诚信经营,公司已与全世界多个国家、地区建立了
13                          广泛的业务合作关系,为中国的改革开放和中国电子工业的发展做出了
14                          重要贡献。</span>
15                  </p>
16                  <p>
17                      公司具有国际贸易、国际工程承包、招标代理、展览广告等多种业务的经营资质。
```

```
18                      业务范围涉及国际贸易、海外工程、防务电子、船舶业务、招标业务、展览广告、
19                      现代物流等多个领域。
20                 </p>
21                 <a href="about.html">查看更多</a>
22            </div>
23        </div>
24    </div>
25 </div>
```

② 在 index-style.css 文件中添加如下样式代码。

```
/*关于我们模块的样式*/
.gy{ width:100% ; margin-bottom: 50px;}
.gy .container h1{line-height: 150px; font-size:1.5rem;    color: #1E50AE; font-weight: 400;}
.gy h1 span{ color: darkgray;}
.gyy{width: 100%; display: flex ; flex-flow: row ;}
.gy-img{ flex: 1; text-align: center;}
#container2{ flex: 1;margin-left:10%;}
#container2    p{ color: #A9A9A9; line-height:30px; margin-bottom: 20px;}
#container2 a{ display: block; width:100px ;    line-height: 50px;
background-color:    #1E50AE; color: white; text-align: center; border-radius:10px ;}
/*当屏幕宽度小于或等于 768px 时，关于我们模块的样式*/
@media only screen and (max-width:768px ) {
     .gy .container h1{line-height: 75px; }}
/*当屏幕宽度小于或等于 640px 时，关于我们模块的样式*/
@media only screen and (max-width:640px ){
     .gyy{ flex-flow: column;}
     #container2{margin-left:0px ;}}
```

10.7 我们的优势模块

10.7.1 我们的优势模块结构

我们的优势模块在 PC 端的页面效果如图 10-26 所示。

图 10-26 我们的优势模块在 PC 端的页面效果

我们的优势模块在 iPhone6/7/8 上的页面效果如图 10-27 所示。

我们的优势模块在 iPad 上的页面效果如图 10-28 所示。

图 10-27　我们的优势模块在 iPhone6/7/8 上的页面效果

图 10-28　我们的优势模块在 iPad 上的页面效果

在了解了我们的优势模块的页面效果后，下面来分析它的页面结构，如图 10-29 所示。

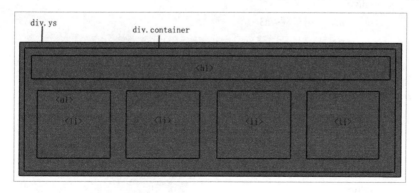

图 10-29　我们的优势模块页面结构

10.7.2　代码实现

对我们的优势模块的页面结构有所了解以后，下面开始编写代码。

① 在 index.html 文件中添加如下代码。

```html
1  <!--我们的优势模块-->
2  <div class="ys">
3      <div class="container">
4          <h1>我们的优势/Our Advantage</h1>
5          <ul>
6              <li>
7                  <img src="img/ad1.png"/>
8                  <div>
9                      <h3>完成项目</h3>
10                     <p>
11                         公司自创立以来<br />
12                         完成300多个工程合作项目
13                     </p>
14                 </div>
15             </li>
16             <li>
17                 <img src="img/ad2.png"/>
18                 <div>
19                     <h3>服务客户</h3>
20                     <p>
21                         公司自完成项目以来<br />
22                         获得280多个工程合作好评
23                     </p>
24                 </div>
25             </li>
26             <li>
27                 <img src="img/ad3.png"/>
28                 <div>
29                     <h3>公司车辆</h3>
30                     <p>
31                         严谨的运输组织<br />
32                         为您提供最专业的服务
33                     </p>
34                 </div>
35             </li>
36             <li>
37                 <img src="img/ad4.png"/>
38                 <div>
39                     <h3>专业团队</h3>
40                     <p>
41                         200多个专业团队<br />
42                         累计完成400多个工程
43                     </p>
44                 </div>
```

```
45              </li>
46          </ul>
47      </div>
48  </div>
```

② 在 index-style.css 文件中添加如下样式代码。

```
/*我们的优势模块 PC 端样式*/
.ys{ background-image: url(../img/adbg.png); width:100% ; color: white; padding-bottom:100px ;}
.ys .container h1{line-height: 180px; font-size:1.5rem;   color: white; font-weight: 400;}
.ys .container ul{font-size: 0px;}/*子元素设置的 display: inline-block; 会使模块之间产生间隙，
即出现换行符、空格间隙问题，因此，设置 font-size:0px;*/
.ys .container ul li{ display: inline-block; width:25%; text-align: center;}
.ys .container h3{ font-size:1.5rem;   font-weight: 500; line-height:80px ;}
.ys .container p{ font-size: 0.875rem;line-height:30px ;}
/*当屏幕宽度小于或等于 768px 时，我们的优势模块的样式*/
@media only screen and (max-width:768px ) {
/*我们的优势*/
    .ys{padding-bottom:30px ;}
    .ys .container h1{line-height: 90px; }
    .ys .container ul li{ width:50% ;}
    .ys .container h3{line-height:40px ;}}
/*当屏幕宽度小于或等于 480px 时，我们的优势模块的样式*/
@media only screen and (max-width:480px ){
    .ys{padding-bottom:15px ;}
    .ys .container h1{line-height: 45px;   font-size:1.2rem ;}
    .ys .container ul li{ width:100% ;}
    .ys .container h3{line-height:25px ;}     }
```

10.8 我们的服务模块

10.8.1 我们的服务模块结构

我们的服务模块在 PC 端的页面效果如图 10-30 所示。

图 10-30　我们的服务模块在 PC 端的页面效果

鼠标指针悬停在服务项目上时，我们的服务模块在 PC 端的页面效果如图 10-31 所示。

图 10-31　鼠标指针悬停在服务项目上时我们的服务模块在 PC 端的页面效果

我们的服务模块在 iPad 上的页面效果如图 10-32 所示。

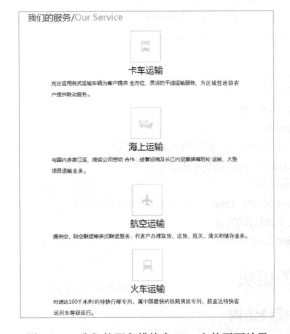

图 10-32　我们的服务模块在 iPad 上的页面效果

在了解了我们的服务模块的页面效果后，下面来分析它的页面结构，如图 10-33 所示。

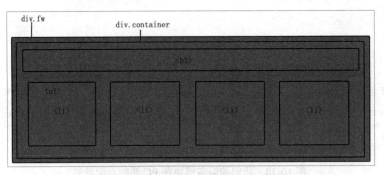

图 10-33　我们的服务模块页面结构

10.8.2 代码实现

对我们的服务模块的页面结构有所了解以后，下面开始编写代码。

① 在 index.html 文件中添加如下代码。

```
1   <!--我们的服务模块-->
2   <div class="fw">
3       <div class="container">
4           <h1>我们的服务/<span>Our Service</span></h1>
5           <ul>
6               <li>
7                   <img src="img/ser2.png"/>
8                   <div>
9                       <h3>卡车运输</h3>
10                      <p>
11                          充分运用各式运输车辆为客户提供全方位、灵活的干线运输服务，为区域性连
12                          锁客户提供联动服务。
13                      </p>
14                  </div>
15              </li>
16              <li>
17                  <img src="img/ser1.png"/>
18                  <div>
19                      <h3>海上运输</h3>
20                      <p>
21                          与国内多家江运、海运公司密切合作，经营沿海及长江内贸集装箱班轮运输、
22                          大型项目运输业务。
23                      </p>
24                  </div>
25              </li>
26              <li>
27                  <img src="img/ser3.png"/>
28                  <div>
29                      <h3>航空运输</h3>
30                      <p>
31                          提供空、陆空联运等多式联运服务；代客户办理取货、送货、报关、清关和储存业务。
32                      </p>
33                  </div>
34              </li>
35              <li>
36                  <img src="img/ser4.png"/>
37                  <div>
38                      <h3>火车运输</h3>
```

```
39                    <p>
40                        时速达 160 千米/时的特快行邮专列,属中国最快的铁路货运专列,按直达特快
41                        客运列车等级运行。
42                    </p>
43                </div>
44            </li>
45        </ul>
46    </div>
47 </div>
```

② 在 index-style.css 文件中添加如下样式代码。

```
/*我们的服务模块PC端样式*/
.fw{ width: 100%; }
.fw .container h1{line-height: 150px;font-size:1.5rem;   color: #1E50AE; font-weight: 400;}
.fw .container h1 span{ color: darkgray;}
.fw .container ul{font-size: 0px;}
.fw .container ul li{display: inline-block; width:25% ; text-align: center; }
.fw .container h3{ font-size:1.5rem;   font-weight: 500; line-height:80px;}
.fw .container p{ font-size: 0.875rem;line-height:30px ;    width:80%; margin: 0px auto;
 text-align: left;overflow: hidden; text-overflow: ellipsis;display:-webkit-box;
 -webkit-line-clamp:3;-webkit-box-orient:vertical;}
.fw .container li:hover h3{color: #1E50AE;}
.fw .container li:hover p{color: gray;}
/*当屏幕宽度小于或等于768px 时,我们的服务模块的样式*/
@media only screen and (max-width:768px ) {
    /*我们的服务*/
    .fw .container h1{line-height: 75px; }
    .fw .container ul li{ width:100% ; margin-bottom:20px ; }
    .fw .container h3{   line-height:40px ;}}
```

10.9 运输物流模块

10.9.1 运输物流模块结构

运输物流模块在 PC 端的页面效果如图 10-34 所示。

图 10-34 运输物流模块在 PC 端的页面效果

运输物流模块在 iPad 或 iPhone6/7/8 上的页面效果如图 10-35 所示。

图 10-35　运输物流模块在 iPad 或 iPhone6/7/8 上的页面效果

在了解了运输物流模块的页面效果后，下面来分析它的页面结构，如图 10-36 所示。

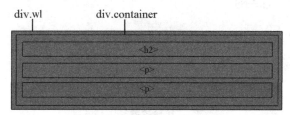

图 10-36　运输物流模块页面结构

10.9.2　代码实现

对运输物流模块的页面结构有所了解以后，下面开始编写代码。

① 在 index.html 文件中添加如下代码。

```
1  <!--运输物流模块-->
2  <div class="wl">
3      <div class="container">
4          <h2>MOU 物流</h2>
5          <p>
6          PROFESSIONAL,SAFE,TIMELY,FAST,WE PROVIDE YOU WITH
7          THE MOST PROFESSIONAL ONE-STOP SERVICE
8          </p>
9          <p>专业、安全、及时、快捷</p>
10     </div>
11 </div>
```

② 在 index-style.css 文件中添加如下样式代码。

```
/*运输物流模块的样式*/
.wl{width: 100%; height:367px; background-image: url(../img/space.png);
background-size: 100% 100%; margin-top:80px; padding-top:100px ;color: white; }
.wl .container h2{ font-size: 1.875rem; font-weight: 500; line-height:80px ; text-align: center; }
.wl .container p{ font-size: 0.875rem; line-height:30px ;text-align: center; }
/*当屏幕宽度小于或等于 768px 时，运输物流模块的样式*/
@media only screen and (max-width:768px ) {
```

```
        .wl{ height:200px; padding:30px ; }
        .wl .container h2{ line-height:40px ; }
        .wl .container p{    line-height:30px ;}}
/*当屏幕宽度小于或等于 640px 时，运输物流模块的样式*/
@media only screen and (max-width:640px ){
        .wl{ height:200px; padding:30px ; }
        .wl .container h2{ line-height:30px ; }
        .wl .container p{    line-height:20px ;}}
```

10.10 最新资讯模块

10.10.1 最新资讯模块结构

最新资讯模块在 PC 端的页面效果如图 10-37 所示。

图 10-37　最新资讯模块在 PC 端的页面效果

鼠标指针悬停在最新资讯列表项上时，最新资讯模块在 PC 端的页面效果如图 10-38 所示。

图 10-38　鼠标指针悬停在最新资讯列表项上时最新资讯模块在 PC 端的页面效果

鼠标指针悬停在右侧"铁路货运改革一周年：从"铁老大"变身为"店小二""标题上时，最新资讯模块在 PC 端的页面效果如图 10-39 所示。

图 10-39　鼠标指针悬停在"铁路货运改革一周年：从"铁老大"变身为"店小二""
标题上时最新资讯模块在 PC 端的页面效果

最新资讯模块在 iPad 上的页面效果如图 10-40 所示。

最新资讯模块在 iPhone6/7/8 上的页面效果如图 10-41 所示。

图 10-40　最新资讯模块在 iPad 上的页面效果　　图 10-41　最新资讯模块在 iPhone6/7/8 上的页面效果

在了解了最新资讯模块的页面效果后，下面来分析它的页面结构，如图 10-42 所示。

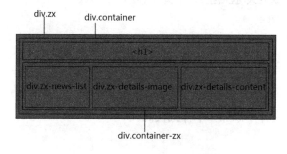

图 10-42　最新资讯模块页面结构

10.10.2　代码实现

对最新资讯模块的页面结构有所了解以后，下面开始实现代码。

① 在 index.html 文件中添加如下代码。

```
1  <!--最新资讯模块-->
2  <div class="zx">
3      <div class="container">
4          <h1>最新资讯/<span>Latest News</span></h1>
5          <div class="container-zx">
6              <div class="zx-news-list">
7                  <ul>
8                      <li><a href=""><span>2017-5-15 </span>铁路货运改革一周年：
```

```
9                          从"铁老大"变身"店小二"</a></li>
10                         <li><a href=""><span>2017-5-15 </span>物流机械设备的发展
11                         趋势</a></li>
12                         <li><a href=""><span>2017-5-15 </span>政策利好刺激 物流业
13                         迎来春天</a></li>
14                         <li><a href=""><span>2017-5-15 </span>进军国际市场开拓物
15                         流发展新机遇</a></li>
16                         <li><a href=""><span>2017-5-15 </span>物流快递业期盼新机
17                         遇</a></li>
18                      </ul>
19                  </div>
20                  <div class="zx-details-image">
21                      <img src="img/news1.jpg"/>
22                  <div>
23                  <div class="zx-details-content">
24                      <a href="#"><h3>铁路货运改革一周年：从"铁老大"变身"店小二"</h3></a>
25                      <p>
26                      货改一年来，济南铁路局实地调研货主需求，帮货主测算物流成本，
27                      集装箱运输提升显著，铁老大 拉活拉来了改革（样本·直击改革前沿）
28                      货改一年来，济南铁路局实地调研货主需求，帮货主测算物流成本，
29                      集装箱运输提升显著。
30                      铁老大 拉活拉来了改革（样本·直击改革前沿）
31                      </p>
32                  </div>
33              </div>
34          </div>
35      </div>
```

② 在 index-style.css 文件中添加如下样式代码。

```css
/*最新资讯模块样式*/
.zx {width: 100%;margin-bottom: 80px;}
.zx .container {max-width: 1140px;margin-left: auto;margin-right: auto;}
.zx h1 {line-height: 150px;font-size: 1.5rem;color: #1E50AE;font-weight: 400;}
.zx h1 span {color: darkgray;}
.container-zx {display: flex;flex-flow: row nowrap;justify-content: space-between;align-items: center;}
.zx-news-list {max-width: 760px;}
.zx-news-list ul li {line-height: 2.35rem;border-bottom: dashed 1px gray;overflow: hidden;text-overflow: ellipsis;white-space: nowrap;}
.zx-news-list ul li a {color: gray;font-size: 1rem;}
.zx-news-list ul li a:hover {color: #1E50AE;}
.zx-details-image {align-self: stretch;}
.zx-details-image img {width: 100%;height: 100%;}
.zx-details-content {max-width: 500px;}
.zx-details-content h3 {color: #666;line-height: 50px;}
```

```css
.zx-details-content h3:hover {color: #000000;}
.zx-details-content p {color: gray;line-height: 30px;font-size: 1em;}
/*当屏幕宽度小于或等于1042px 时，最新资讯模块样式*/
@media only screen and (max-width:1042px ) {
    /*最新资讯*/
    .zx .container {max-width: 960px;}
    .zx-news-list ul li a {font-size: 0.875rem;}
    .zx-details-content {max-width: 400px;}
    .zx-details-content h3 {font-size: 1rem;}
    .zx-details-content p {font-size: 0.875rem;}}
/*当屏幕宽度小于或等于960px 时，最新资讯模块样式*/
@media only screen and (max-width:960px ) {
    /*最新资讯*/
    .zx .container {max-width: 768px;}
    .container-zx {flex-flow: row wrap-reverse;align-content: space-around;}
    .zx-news-list {order: 1;width: 100%;}
    .zx-details-image {margin-top: 20px;}
    .zx-details-content {max-width: 450px;}}
@media only screen and (max-width:768px ) {
    /*最新资讯*/
    .zx .container {max-width: 680px;}
    .container-zx {flex-flow: row wrap;align-content: space-around;}
    .zx-news-list {order: 1;width: 100%;}
    .zx-details-image {order: 2;margin-top: 20px;}
    .zx-details-content {order: 3;max-width: 360px;}}
@media only screen and (max-width:640px ){
    /*最新资讯*/
    .zx-news-list {order: 1;}
    .zx-details-image {order: 2;width: 100%;}
    .zx-details-content {order: 3;max-width: 480px;}}
@media only screen and (max-width:480px ){
    /*最新资讯*/
    .zx-details-content h3{ font-size: 0.875em;}}
```

10.11 版尾

10.11.1 版尾结构

版尾在 PC 端、iPad 和 iPhone6/7/8 上的页面效果如图 10-43 所示。

图 10-43　版尾在 PC 端、iPad 和 iPhone6/7/8 上的页面效果

在了解了版尾的页面效果后，下面来分析它的页面结构，如图 10-44 所示。

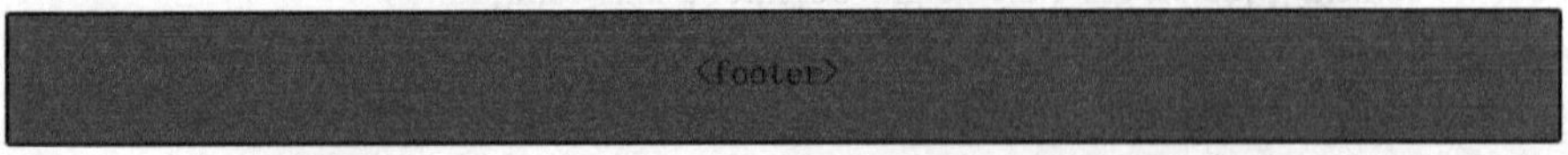

图 10-44　版尾页面结构

10.11.2　代码实现

对版尾的页面结构有所了解以后，下面开始编写代码。

① 在 index.html 文件中添加如下代码。

```
1  <!--footer-->
2  <footer>
3      MOU 物流　2019-2020 ©all rights reserved
4  </footer>
```

② 在 index-style.css 文件中添加如下样式代码。

```
/*版尾的样式*/
footer{width: 100%; height: 80px; background-color: darkslategray; text-align: center ;
font-size:14px ; color:white ; line-height:80px ;}
```

10.12　项目总结

响应式 Web 开发，是指根据显示屏幕大小的变化控制页面文档流。在实际开发中，栅格系统的应用通常通过框架来实现，而弹性盒布局则适用于无框架的网页。通过本项目的学习，读者能够理解响应式网页的原理，能够掌握媒体查询和弹性盒布局的应用。

参考文献

[1] 刘冰月. HTML5 与 CSS3 项目实战. 大连：东软电子出版社，2017.

[2] 传智播客高教产品研发部. HTML5+CSS3 网站设计基础教程. 北京：人民邮电出版社，2018.

[3] 黑马程序员. 响应式 Web 开发项目教程. 北京：人民邮电出版社，2018.

[4] 孙晓娟. 网页设计与制作. 沈阳：沈阳出版社，2013.

[5] https://www.51qianduan.com